“十四五”职业教育部委级规划教材

FUZHUANG DIANNAO KUANSHI SHEJI

服装电脑款式设计——Photoshop表现技法

Photoshop BIAOXIAN JIFA

（第2版）

马宇丽　李　雯◎主　编
陈秋梅　李　卉◎副主编

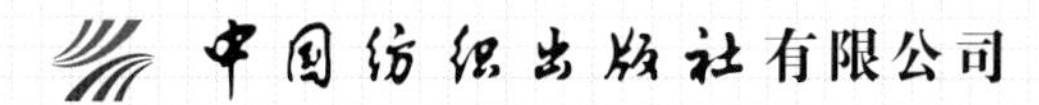

内 容 提 要

本书使用计算机平面设计软件Photoshop进行服装效果图的设计与表现，采用任务式教学法，详细介绍了服装效果图的绘制方法，从线稿的处理、人物的妆容到面料绘制、扫描面料的应用等。此外，还对不同面料的着装效果图的绘制进行了详细讲解，由简到繁，由易到难，使读者可以循序渐进地掌握绘制服装效果图的方法及要领。

本书既可作为中职类服装设计专业的教材，也可供设计人员，尤其是服装款式设计人员参考。

图书在版编目（CIP）数据

服装电脑款式设计：Photoshop表现技法/马宇丽，李雯主编；陈秋梅，李卉副主编. --2版. --北京：中国纺织出版社有限公司，2023.8（2024.10 重印）

“十四五”职业教育部委级规划教材

ISBN 978-7-5229-0799-4

Ⅰ. ①服… Ⅱ. ①马… ②李… ③陈… ④李… Ⅲ. ①服装设计-计算机辅助设计-图像处理软件-职业教育-教材 Ⅳ. ①TS941.26

中国国家版本馆CIP数据核字（2023）第135844号

责任编辑：范雨昕　孔会云　　责任校对：楼旭红
责任印制：王艳丽

中国纺织出版社有限公司出版发行
地址：北京市朝阳区百子湾东里A407号楼　邮政编码：100124
销售电话：010—67004422　传真：010—87155801
http://www.c-textilep.com
中国纺织出版社天猫旗舰店
官方微博http://weibo.com/2119887771
北京通天印刷有限责任公司印刷　各地新华书店经销
2024年10月第2版第2次印刷
开本：787×1092　1/16　印张：9
字数：120千字　定价：58.00元

2版前言

随着时代的进步和科技的发展，计算机服装效果图的绘制成为服装设计人员必备的技能。作为职业院校的老师，为了让学生能够熟练使用计算机软件绘制出令人满意的服装效果图，我结合多年的服装计算机款式设计教学经验，编写了此书。

本书在编写过程中，花费了大量时间和精力进行服装效果图的绘制，力求用简单明了的方法表达预期的效果，并尽可能向读者传递准确的信息与技巧。

本书主要针对绘画基础薄弱的学生，着重讲授软件绘图的技巧。Photoshop是一款绘画工具软件，本书选取的案例更侧重实用性，将一幅服装效果图分成多个部分进行讲解，在细节元素，如妆容、发型、服饰、面料等方面都尽可能多地附加操作过程图片，以帮助读者理解。并根据职业院校学生的特点，对完成服装效果图后的背景及版面设计都进行了详细的讲解，对学习服装款式设计的人员具有一定的参考价值。书中还根据我所在的少数民族地区，对民族服装效果图的表现进行了分析与说明。

需要声明的是，本书注重介绍软件绘图的技巧，即使绘画基础薄弱的读者，也能通过绘图软件绘制出服装效果图，形成自己的风格。

本书的完成不是仅靠我个人的力量，而是承蒙许多人的帮助。在此，谨向所有给予我帮助的人们表示感谢。感谢为本书出版付出努力的老师们，其中马宇丽、李雯负责主要编写和统稿工作，陈秋梅、李卉负责部分内容的编辑及核对工作，康静、梁雨莹、苏源参与编写。

感谢我的家人，他们始终是我坚实的后盾；感谢我的爱人，他是我时刻可以依靠的支柱与朋友，在我最艰难的时候一直鼓励我。最后，对亲爱的读者表示诚挚的感谢，衷心祝愿大家万事如意！

马宇丽

2023年2月

1版前言

信息技术使人们的工作、学习与生活方式和观念发生了巨大的变化，也改变了传统行业的生产方式。作为职业学校的老师，我结合多年的电脑款式设计教学经验，编写了此书。

在编写本书的过程中，我深感自己的表达能力有限，难以将所掌握的知识转化为通俗易懂的文字。因此，我用大量的时间进行时装画绘制，尽量用简单明了的方法将要表达的效果表现出来，并尽可能地向读者传递准确的信息与技巧。

本书主要针对时装画基础薄弱的学生，着重讲解用软件绘图的技巧。Photoshop是一款绘画工具软件，本书选取的例子更侧重实用性，将一幅时装画分成多个部分进行讲解，在细节元素如妆容、发型、服饰、面料等上都尽可能多的附上操作过程的图片，以帮助读者理解。并根据中职学生的特点，对时装画的背景及版面设计都进行了详细的讲解，对基础薄弱或没有基础的读者，具有一定的学习和参考价值。本书还根据我所在的广西地区少数民族的风格特征，对民族时装画的表现进行了分析与说明。

在这里需要声明的是，不要试图通过本书获取画画的方法，本书注重讲解软件绘图的技巧，哪怕你绘画基础薄弱，也能通过绘图软件绘制出时装画，形成自己的风格。

本书的完成不是靠我个人的力量，而是承蒙许多人的帮助，在此，向所有帮助过我的人们表示感谢。

感谢我的家人，他们始终是我坚实的后盾；感谢我的爱人，他是我时刻可以依靠的支柱与朋友，在我最艰难的时候一直鼓励我。最后，对亲爱的读者们表示诚挚的感谢，希望本书能对读者有所帮助。

马宇丽

2015.2

目　录

项目一

服装效果图绘制前期处理

任务 1–1

线稿处理

本任务是通过介绍线稿的处理方法，为后期计算机绘图做好准备。

一、任务简介

利用图片输入设备，将手绘稿输入电脑中进行线稿处理，从而得到效果图线稿；或者直接运用Photoshop软件中的画笔工具绘制线稿。为了更好地完成绘制，可以使用数位板和数位板压感笔进行绘图，绘图效果更好。

二、任务分析

线稿的处理是电脑服装效果图的前期准备部分，通过图片输入设备将手绘稿进行电脑的后期处理；或者直接使用软件工具进行线稿绘制，都可以获得效果图线稿。

任务重点：手绘稿输入电脑后期处理的方法。

任务难点：使用钢笔工具勾线，绘制线稿的方式。

三、线稿处理步骤

1. 手绘起稿

先在A4大小的白纸上，使用铅笔绘制出效果图的线稿，然后利用拷贝纸或者拷贝箱重新细致地描绘一遍，为了保证后期绘图的顺利，绘制时要保证线条的准确性以及画面的整洁。

2. 图片输入

目前常用的输入方式有扫描仪输入和照相机输入两种（图1-1）。

扫描仪输入的优点主要表现在能够高度保持原画的准确性。照相机输入是在没有扫描仪的情况下较为便捷的方式。随着智能手机的普及，通过照相功能也可以达到。但是需要注意的是，由于拍摄角度的不同，画面透视会出现变形。

使用照相机拍摄画面时，要保持相机与图画呈直角，保证画面全部拍摄在内；如照相机与画面呈非垂直状态，则画面就会出现近大远小的透视效果。

（a）扫描仪输入

（b）照相机输入

图1-1

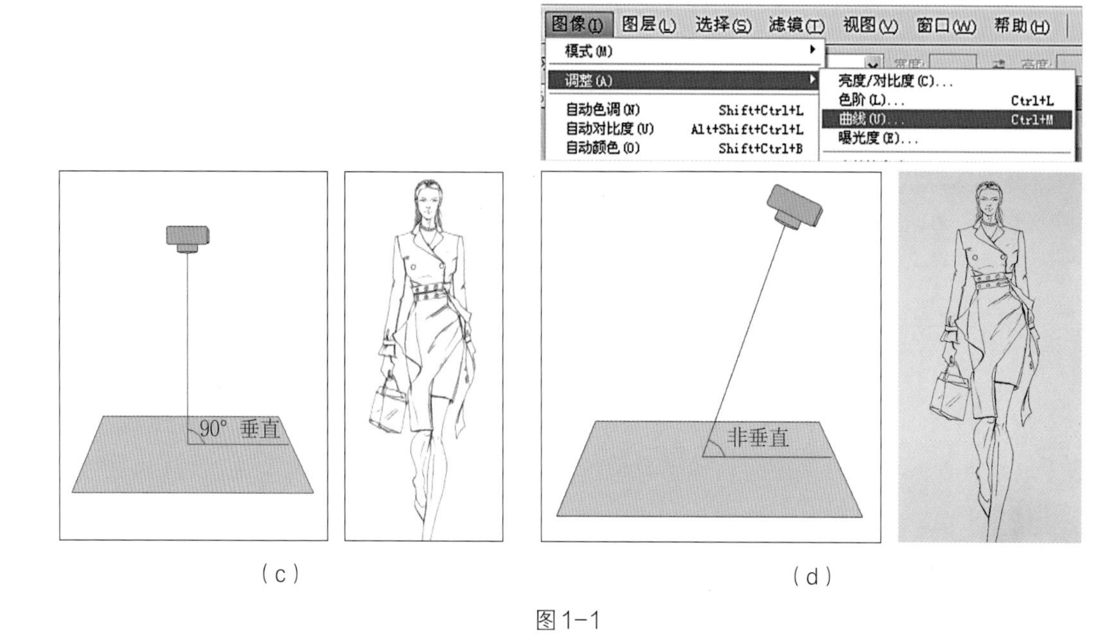

（c）　　　　（d）

图1-1

3. 线稿的处理

手绘的线稿无论使用哪种方式输入都不能直接使用，需要进行适当的处理，这样才能保证后期绘画的顺利。

照相机输入线稿的处理。照相机拍摄的黑白线稿整体色调偏暗，这是因为成像效果会有中间亮、四边暗的画面效果（图1-2）。

具体操作如下：

（1）执行图像→调整→曲线，在弹出的曲线对话框中，单击曲线，向上或向下调整，将画面整体色调调亮（图1-3）。

图1-2

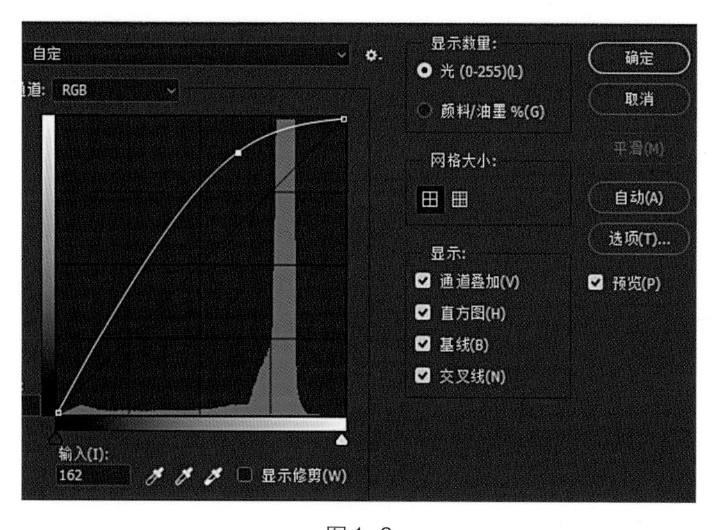

图1-3

（2）可多次使用曲线命令，调整线条颜色的深浅，直到达到满意的效果为止。如觉得效果不够好，还可以执行图像→调整→亮度/对比度，在弹出的“亮度/对比度”的对话框中调整（图1-4）。对于拍摄造成的图形变形，可以使用编辑→变换→透视或斜切来调整。

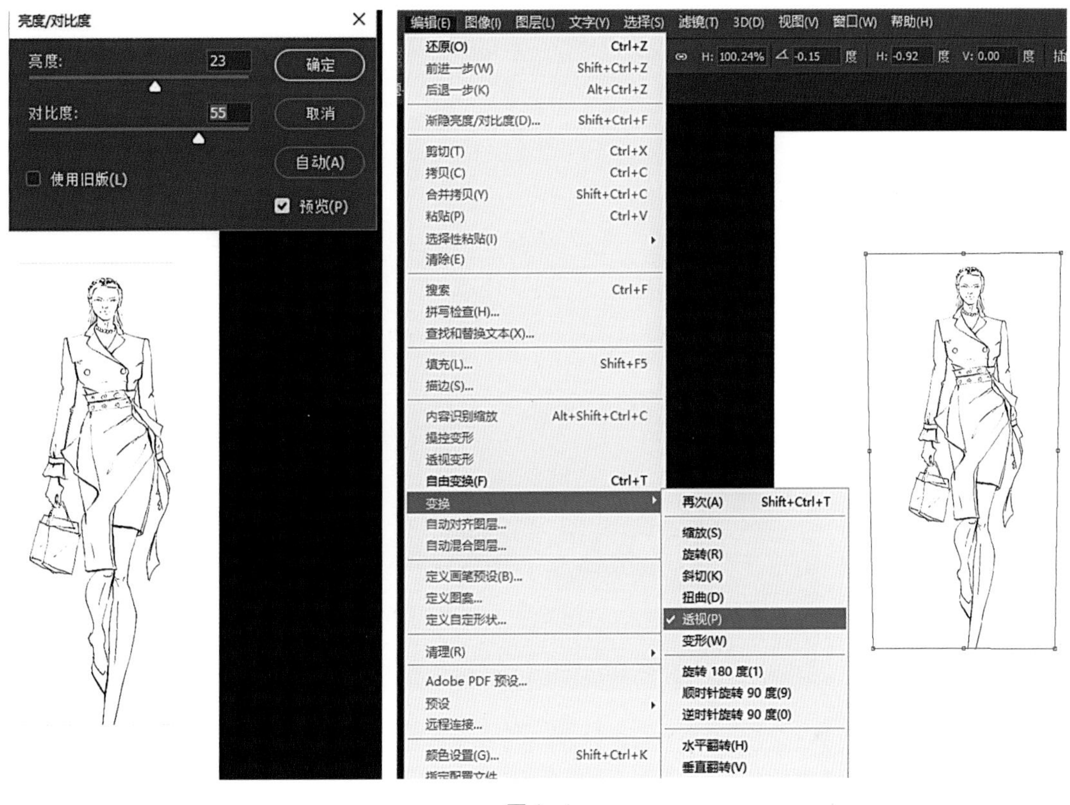

图1-4

扫描仪输入的图像调整方法与照相机输入的图像调整方法相同，只是基本上使用一次曲线命令即可完成调整，操作更加简单。

4. 细节的调整

经过调整后，手绘稿会损失部分像素，因此需要对细节进行调整，可以使用画笔工具完成（图1-5）。

画笔工具是Photoshop软件中的常用工具。主要的笔刷分为硬边笔刷和柔边笔刷。选择画笔工具后，在图画中单击鼠标右键，弹出画笔面板，可以根据绘图的需要选择自带的一系列画笔。

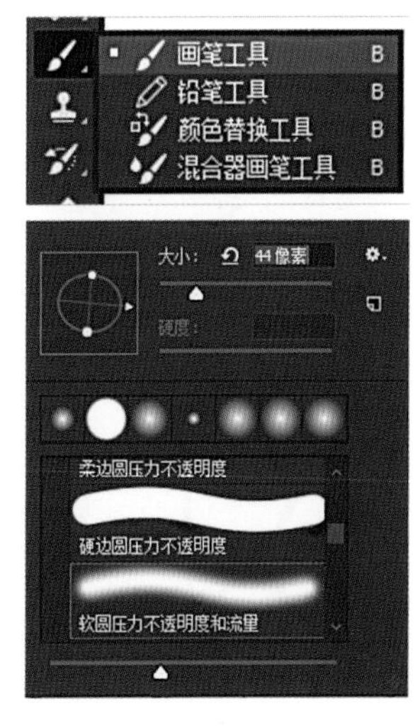

图1-5

按键盘上的F5键，弹出画笔预设对话框，可以在对话框中预设画笔形状、纹理、动态等，做出各种效果的画笔（图1-6）。

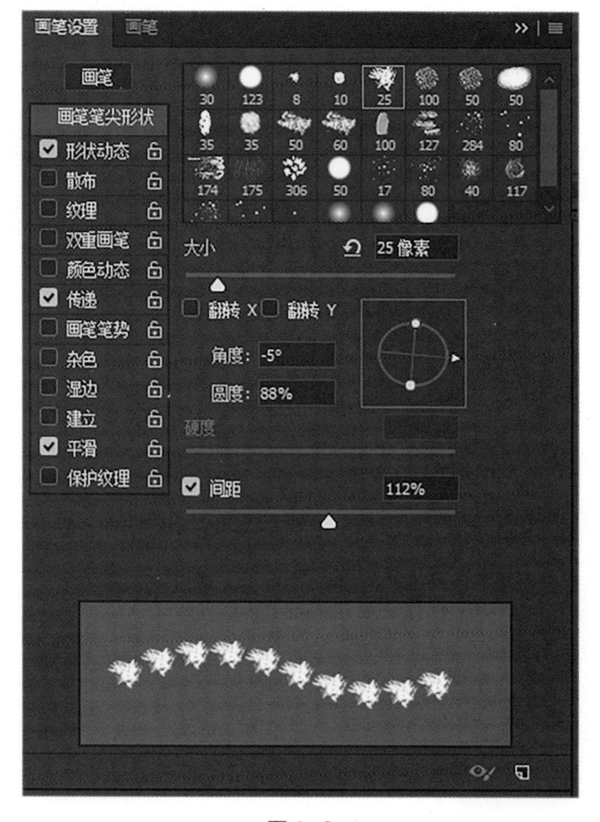

图1-6

选择修复画笔工具，在需要修补的线条完整的部分按住Alt+鼠标左键，选择部分好的线条进行修补（图1-7）。

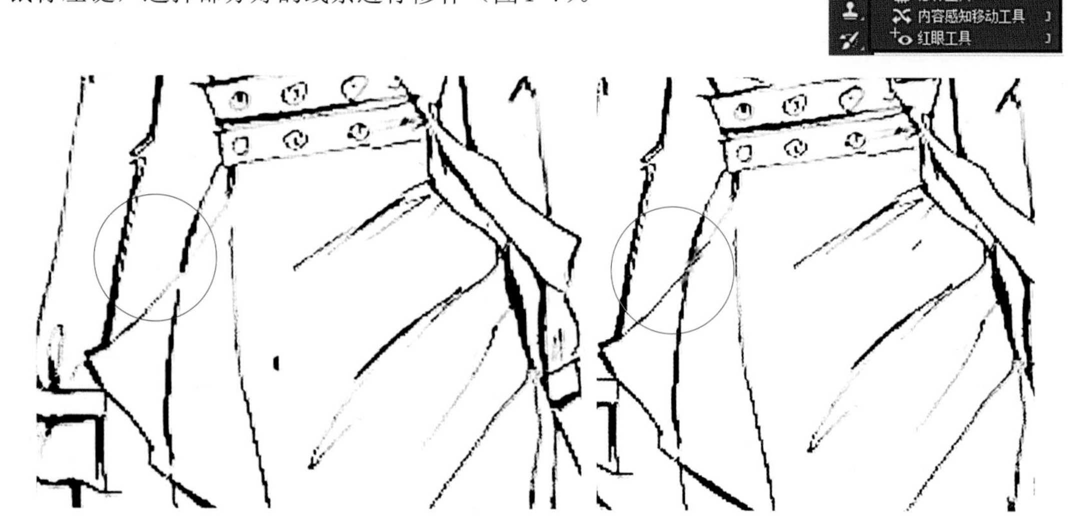

图1-7

使用橡皮擦工具（图1-8）将多余的线条，以及画面中的各种脏污及杂点擦除，并用画笔工具对头发、眼睛等重要细节进行修整，完成线稿的处理。

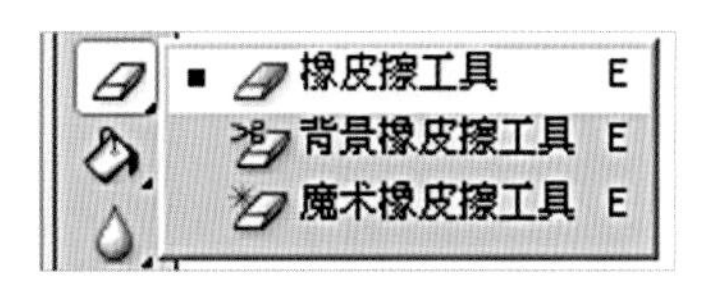

图1-8

四、在电脑中直接起稿

在电脑中直接进行线稿的绘制，这种方法适合具备一定绘画基础且对电脑绘图方式有一定的了解的设计者。在此介绍中职学生较易掌握的方法。

图1-9

（1）选择适合的模特动态，为了更清晰明确地看清人体的结构，可以选择泳装人体。

（2）调整图片的透明度。将图片透明度调整为65%，突出后面步骤需要描绘的人体线条。

（3）新建一个图层，将其置于人体图片上层，使用钢笔工具沿着人体的轮廓线进行勾线，在勾好的轮廓上单击鼠标右键，选择“描边路径”(图1-9)，在弹出的对话框中选择画笔工具（图1-10)，单击确定即可得到描绘的轮廓线（此处画笔的大小需要在画笔工具中提前设置好)。

图1-10

（4）人体线条描绘完成后，删除参考图层即可。按住组合键Ctrl+T，拖动鼠标，整体拉长人体的各部位线条，直到达到理想状态。

（5）使用选区工具选取腿部的整体线条，拉长腿部在全身所占的比例。

（6）执行滤镜→液化，弹出液化对话框，使用向前变形工具，对腰部和腿部的线条进行调整，使人体曲线更加完美。

（7）也可在网上下载现成的人体模板，这对中职学生来说更简洁方便。

（8）在人体上用钢笔工具勾画出服装的轮廓，重复步骤（3)，即可得到着装的人体服装效果图。

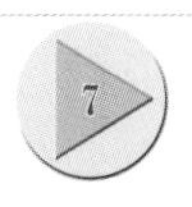

任务 1-2

人物妆容绘制

无论何时，设计师都应该为自己作品的创作构思，包括背景、图案、色彩设计等感到自豪。

靓丽的妆容可以让人物更具表现力，本任务将利用钢笔工具、填充工具和加深减淡工具绘制出人物妆容效果。

一、任务简介

使用Photoshop软件绘制服装效果图中人物的妆容，要求通过软件绘制出服装需要搭配的妆容。

二、任务分析

人物妆容是电脑服装效果图中较为简单的部分，通过使用钢笔工具勾线，变成选区，填充颜色，并使用加深减淡工具营造出光影效果。使人物妆容绘制立体化、生动化。需要重点掌握钢笔工具勾线的方法和加深减淡工具的使用方法。

任务重点：钢笔工具勾线。

任务难点：加深减淡工具的使用。

三、人物妆容绘制步骤

（1）单击主菜单中的文件，选择新建，在弹出的对话框中设置名称为人物头像。预设纸张及分辨率，如图1-11所示。

图1-11

（2）在主菜单“文件”中，点击打开，找到要编辑的图像。这个图像可以自己绘制，或者是网上下载的图像均可（图1-12）。

图1-12

（3）在左边工具箱中找到移动工具，单击打开的图像，按住鼠标左键拖入之前新建的空白图层中。这时人物头像线稿就会被拖入新建的空白图像中。找到右边控制面板的导航器，缩小图像，按下组合键Ctrl+T执行命令，选中四个角的任意位置，按住Shift键拖动，将选中的图像缩小至新建图像大小，再单击回车键或单击工具箱中的任意工具即可（图1-13）。

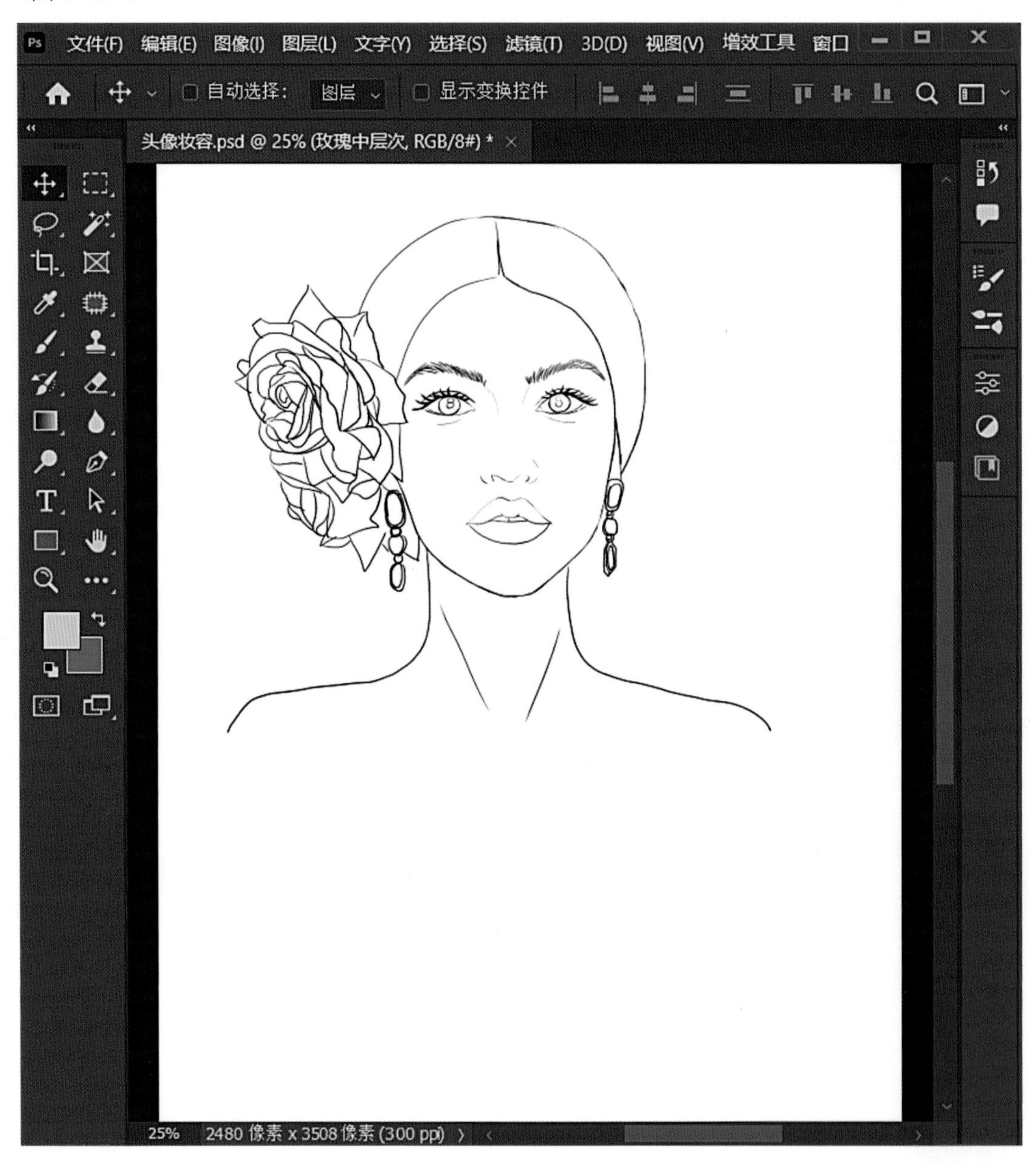

图1-13

（4）执行主菜单中的图像→调整→亮度/对比度，在弹出菜单中调整亮度和对比度。或者按下组合键Ctrl+M，执行命令，也可以调整图像的亮度和对比度（图1-14）。

图1-14

（5）在右边控制面板中找到图层1，将图层1更名为线稿，模式设为正片叠底（图1-15）。

（6）执行主菜单→图层→新建一个图层，命名为肤色（图1-16）。选择工具面板上的钢笔工具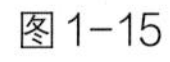，沿着人物头像中露出皮肤的部分勾画。在勾画的过程中，按住Ctrl键，钢笔工具就变成了节点的直接选择工具。可以调整节点的位置，使勾画的路径同皮肤部分的外轮廓吻合。在两个节点之间用钢笔工具点击可以添加节点，直接点击已画节点可以删

图1-15

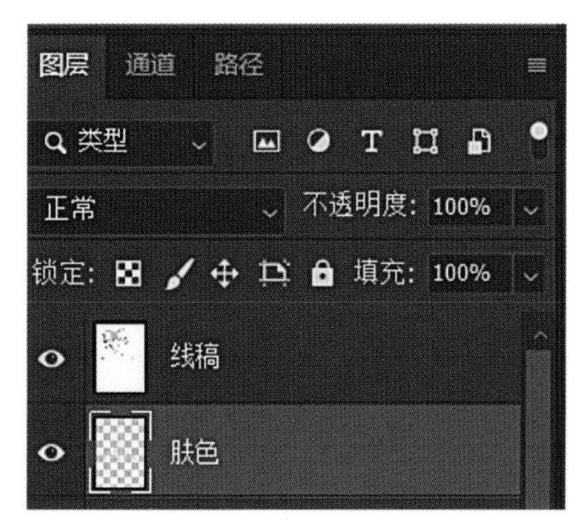

图1-16

除节点（图1-17）。

（7）用钢笔工具画完轮廓后，用组合键Ctrl+Enter使路径变成选区。用吸管工具点击画布中的色板的颜色，使工具面板上前景色变为所选肤色，然后在皮肤图层里用组合键Alt+Delete进行前景色填充（图1-18）。用加深、减淡工具调整皮肤的亮面及暗面，做出立体感（图1-19）。

（8）新建图层，命名为腮红、鼻影。找到多边形套索工具，设置羽化为30，在脸上

图1-17

图1-18

图1-19

做出腮红选区，在选区内用油漆桶工具填上腮红颜色。油漆桶设置不透明度为24%，容差32（图1-20）。

羽化值可根据图像的大小设定，具体的数据只要达到腮红效果即可。油漆桶的不透明度也是根据个人的喜好来设定。

（9）新建图层，命名为嘴唇。用钢笔工具勾画出

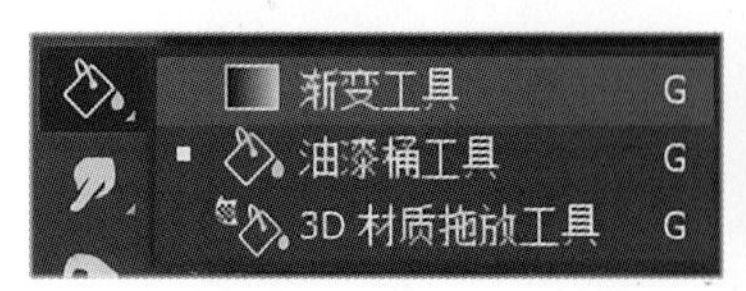

图1-20

嘴唇的路径，用组合键Ctrl+Enter使路径变成选区。用吸管工具点击画布中的色板的颜色，使工具面板上前景色变为所选颜色，然后在嘴唇图层里用油漆桶进行前景色填充。用加深、减淡工具调整嘴唇的亮面及暗面，做出立体感（图1-21）。新建图层时要注意图层位置的摆放顺序。

图1-21

（10）新建图层，命名为眼睛。用钢笔工具勾画出眼睛的路径，用组合键Ctrl+Enter使路径变成选区。用吸管工具点击画布中的色板的颜色，使工具面板上前景色变为所选颜色，然后在眼睛图层里用油漆桶进行前景色填充。用加深、减淡工具调整眼睛的高光及暗面（图1-22）。

（11）新建图层，命名为眼影。在眼影图层中用多边形套索工具勾画出眼影及眼线轮廓，用油漆桶填充深蓝色。再用加深、减淡工具调整效果。

（12）完成最终的妆容绘制（图1-23）。

图1-22

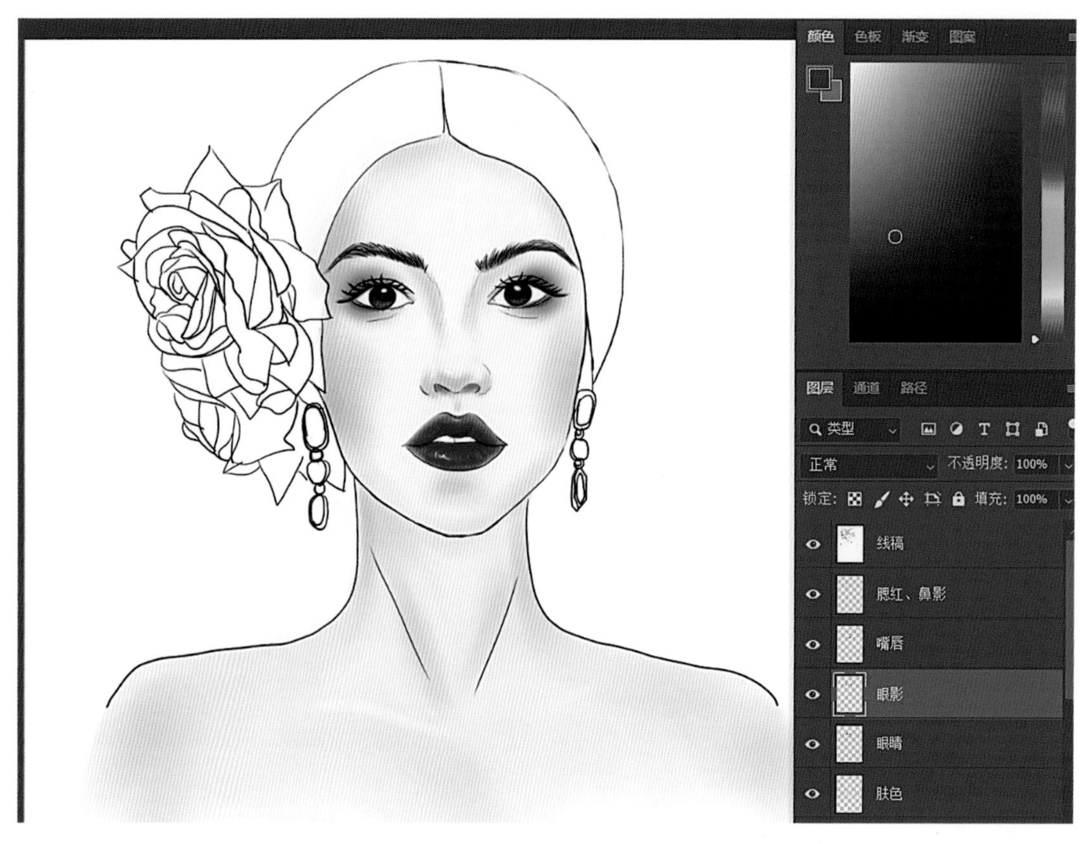

图 1-23

四、拓展练习

按任务 1-2 中人物妆容绘制的方法，自己设计不同风格的妆容搭配。要求色彩搭配合理，绘画生动准确（图 1-24）。

图 1-24

任务 1-3

头发绘制

头发的绘制是整个人物头像的重点，在相同结构、色调的面容上，不同的发型能够展现人物完全不同的气质和风格。

一、任务简介

使用Photoshop软件绘制服装效果图中人物的头发，要求通过软件表现出头发的层次变化、色彩明暗变化，发丝的绘制等。完成整个人物头像的绘制，展现服装的风格。

二、任务分析

头发是电脑服装效果图中较为重要的部分，通过使用画笔工具画出头发的层次和发丝，营造出光影效果，表现出头发的层次感。

任务重点：画笔工具的使用。

任务难点：头发光影层次的表现。

三、头发绘制步骤

人物头发的绘制方法有两种，为了能让学生更好地掌握头发绘制的方法，在此介绍的两种方法。

1. 头发绘制方法一

（1）打开一幅绘制好妆容的人物头像图片（图1-25）。

（2）新建图层，命名为头发。

（3）使用钢笔工具勾出头发轮廓（图1-26）。或者使用磁性套索工具沿着头发边缘勾线，形成选区。为使头发具有蓬松感，可以选择羽化，羽化值根据设置图片的大小制定。图片分辨率大羽化值可设置大些，如分辨率小，羽化值也相应减小。变成选区后设置头发颜色，使用油漆桶工具填充前景色（图1-27）。调整头发图层顺序，放在皮肤后（图1-28）。

图1-25

图1-26

图1-27

图1-28

（4）如填充的发色太深，可以使用组合键Ctrl+U，在弹出的色相和饱和度对话框中，调整发色及深浅度（图1-29）。

（5）新建头发阴影图层，连接数位板和压感笔，使用画笔工具，选择柔边圆压力大小（图1-30），深红色前景色（图1-31），画出头发的阴影（图1-32）。

图1-31

图1-29

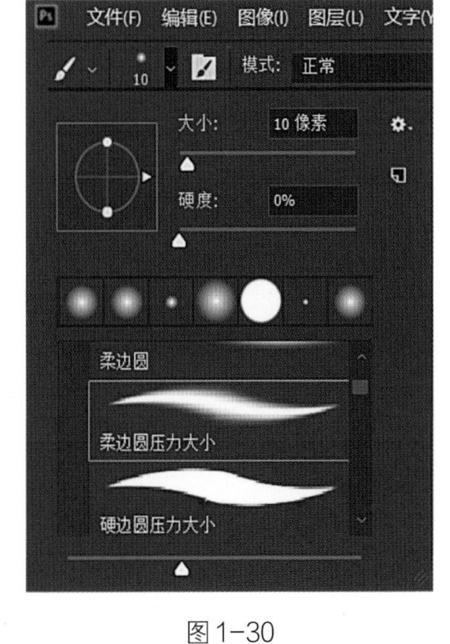

图1-30

图1-32

（6）新建头发高光图层，使用画笔工具，选择柔边圆压力大小，使用浅红色画出头发的高光（图1-33）。调整画笔大小，使用深浅不同的颜色画出发丝（图1-34）。并绘制完成头饰（图1-35）。

图1-33

图1-34

图1-35

2. 头发绘制方法二（此方法适合用鼠标绘图）

（1）前面的步骤与方法一一致，此处略过（图1-36、图1-37）。

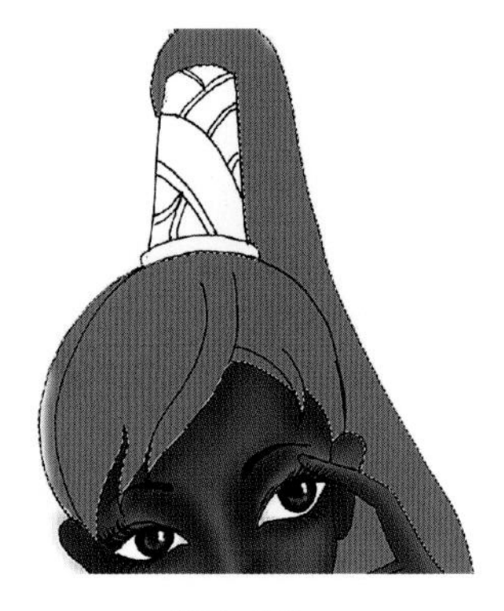

图1-36

图1-37

（2）新建图层，命名为头发阴影，选择深一些的颜色用来绘制头发的阴影部分（图1-38）。

图1-38

图1-39

（3）新建图层，命名为头发高光，选择浅色来绘制头发的高光（图1-39）。

（4）新建图层，命名为发丝。使用钢笔工具画出发丝形状。需要调整形状可以按住Ctrl键单击发丝，出现节点，就可以调整形状（图1-40）。

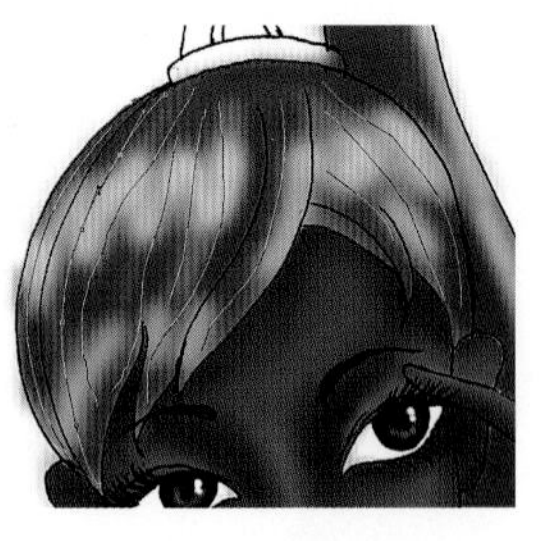

（a）调整前

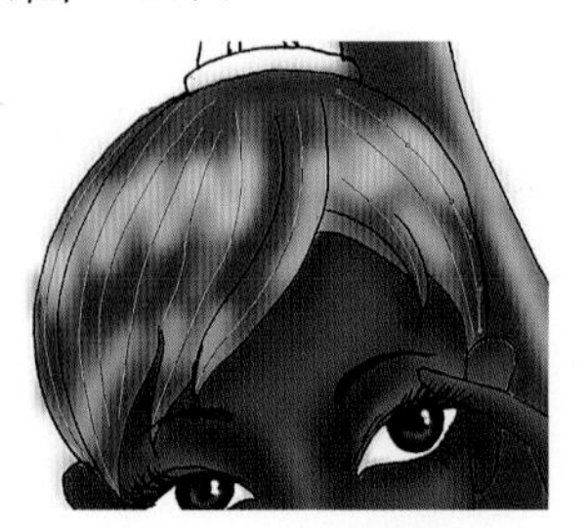

（b）调整后

图1-40

（5）设置画笔大小、模式及不透明度、流量（图1-41）。

图1-41

（6）设置前景色，作为发丝的颜色。可以选择深色，也可以是浅色。应可以根据设计效果设置。选择钢笔工具。将鼠标放在任意一根发丝上，单击鼠标右键。在弹出的对话框中选择描边路径（图1-42）。

（7）在弹出的描边路径对话框中选择画笔（图1-43）。勾选模拟压力。单击确定（图1-44）。

（8）在任意一根发丝上单击鼠标右键，在弹出的对话框中选择“删除路径”（图1-45）。可以看到头发上出现发丝（图1-46）。

图1-42

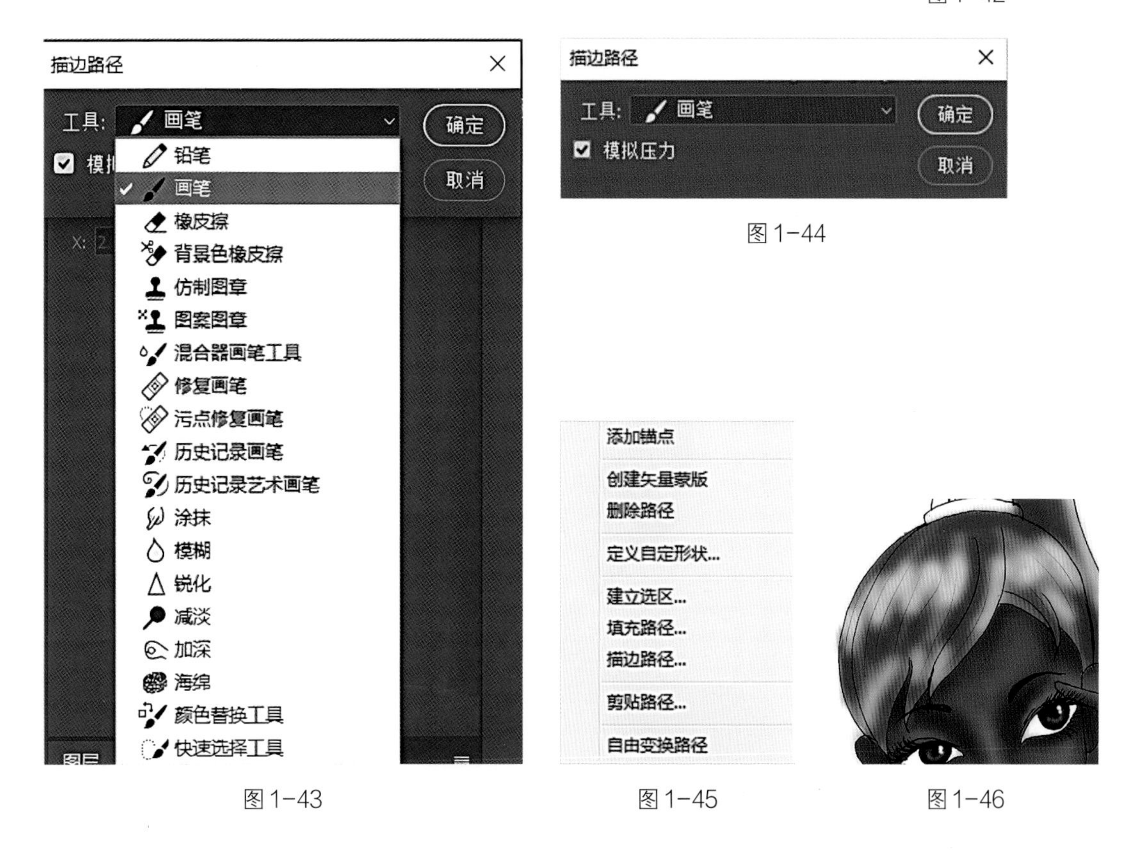

图1-43　图1-44　图1-45　图1-46

（9）选择橡皮擦工具，设置模式为画笔，不透明度和流量都要调小（图1-47）。在发丝图层涂擦，调整发丝。如觉得发丝太少，可以重复发丝绘制步骤（图1-48）。

图 1-47

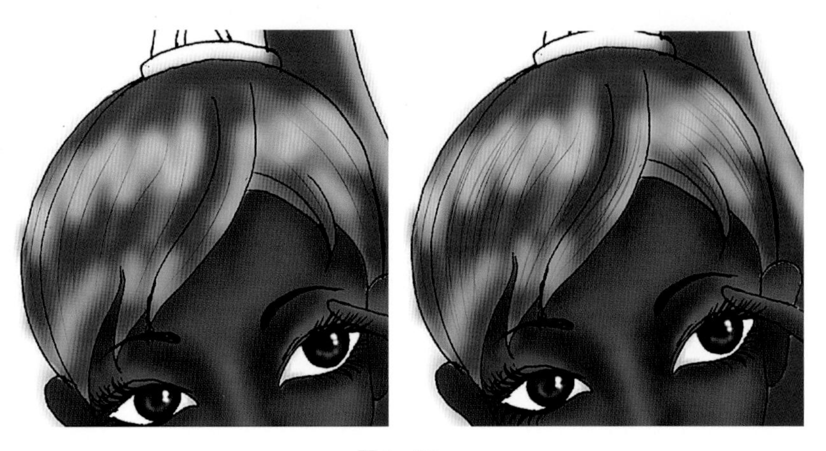

图 1-48

（10）使用钢笔工具或者磁性套索工具勾出配饰，并填上颜色。使用加深、减淡工具绘制光影效果，做出立体感。

（11）完成整体图片绘制（图1-49）。

图 1-49

四、任务实施

按任务1-3中人物头发绘制的方法，自己设计绘制头发。要求色彩搭配合理，绘画生动准确。

活动总结

五、任务评价

任务评价表					
姓名		评价日期		是	否
学习效果	是否准确掌握画笔工具的使用方法？				
	是否会用钢笔工具勾线调整发丝？				
	是否能够绘制头发层次？				
学习态度及过程	你觉得老师的讲解示范是否清楚？			1.	
	你可以通过学习完成操作吗？			2.	
	以后遇到类似的任务你会操作吗？			3.	
总体评价	1.				
	2.				
	3.				

任务 1-4

图层管理

本任务是了解图层的应用，学会图层的管理。

一、任务简介

了解图层及组的概念，并学会应用。

二、任务分析

图层的概念：可以理解为一张纸上下顺序叠加而成的透明纸张。其中没有绘制的区域是透明的。通过透明的区域可以看到下面图层的内容。将每个图层中绘制的具体内容叠加起来便构成了完整的图像文件。

组的概念：一个文件所建的图层过多会给图层的编辑、管理造成困难，为了有效管理图层，就可以将图层进行分组。

任务重点：图层的管理及组的应用。

三、图层管理

1. 图层面板

每个图层都是独立的，可以针对图像的不同元素进行单独编辑与修改，不会影响其他图层的内容。在图层上还可以单独使用调整图层、填充图层、图层蒙版及图层样式等特殊功能。

在创建新图像时只是生成一个背景层。根据需要可以在图像中添加图层，图层效果和图层组。添加的数量受到计算机内存的限制。在同一个图像中，所有的图层具有相同的分辨率、通道数量以及颜色模式等图像特征。

（1）图层混合模式：在扩展列表框中，选择当前图层与下方图层之间的混合方式的选项（图1-50）。

（2）不透明度：此选项可以控制当前图层的透明度，100%为不透明，0为透明（图1-51）。

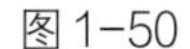
图1-50

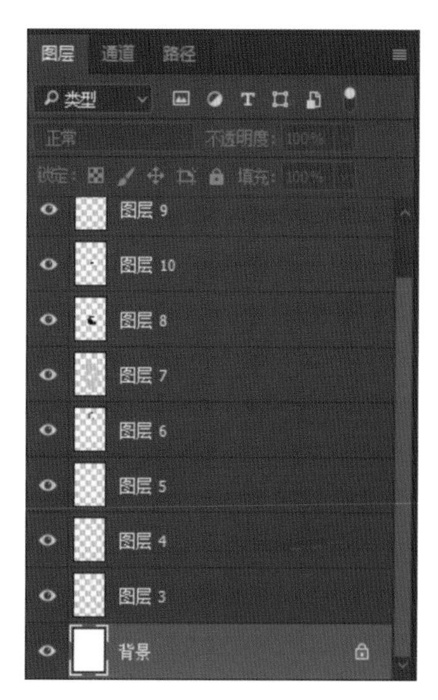

图1-51

（3）锁定：完全或者部分锁定图层，保护其内容不被编辑、修改（图1-52）。

2. 图层管理方式

（1）选择图层：如果图像中包含多个图层，必须首先选取需要使用的图层才能将之作为工作图层进行编辑。对本图层所做的更改只影响这一图层的图像模式。另外，一次只能有一个图层作为可编辑的图像模式，这个图层的名称会显示在文档窗口的标题栏中，并且所编辑的图层会显示为蓝色状态。

（2）隐藏、显示图层内容：在不需要对某些图层上的内容进行修改时，可以将这些图层上的内容隐藏起来。只保留需要编辑的图层内容，这样就可以清楚、明确地针对所需要的内容进行修改、编辑。在图层面板中，单击图层旁边的眼睛图标可以隐藏该图层的图像内容，再次单击该处则可以重新显示内容（图1-53）。

图1-52

（a）隐藏前

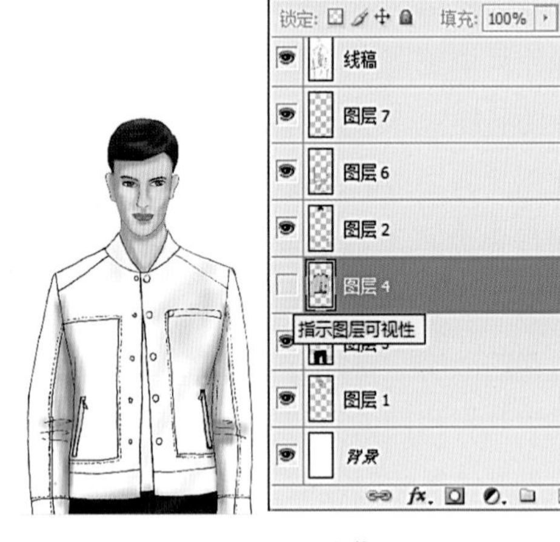

（b）隐藏后

图1-53

（3）更改图层顺序：在图层面板上排列的图层一般是按照操作的先后顺序堆叠的，当需要更改它们的上下顺序时，可以在图层面板中将图层向上或向下拖移。当显示的图层出现在目标图层或图层组的位置时，松开鼠标按键即可。

（4）合并图层：虽然将图层分层处理使编辑内容变得较为方便，但为了图像内容的完整性可将几个图层的内容压缩到一个图层中。需要注意，要参与合并的图层必须都处于显示状态。合并图层的组合快捷键为Ctrl+E，可合并当前图层和下一个图层。在选择了多个图层的情况下，按组合键Ctrl+E可以将所有选择的图层合并为一层。此外，单击右键打开快捷菜单也可以找到合并图层的命令。合并的图层名称沿用其合并前位于最上方的图层名称（图1-54）。

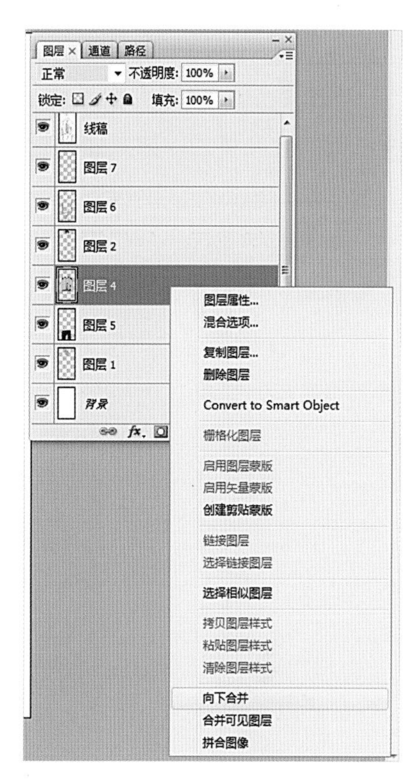

图1-54

（5）图层混合模式：指叠加的图层位于上层的图案像素与其下层的图案像素进行混合的方式。在两个叠加的图层中使用不同的混合模式产生的画面效果也不同（图1-55）。

图层的混合模式能为服装效果图带来种类繁复的风格变化。

图1-55

3. 图层样式

图层样式有自定义样式和预设样式两种。如果在图层上应用效果，则效果就会成为图层的自定义样式；如果储存自定义样式，该样式就成为预设样式。预设样式会出现在样式面板中，单击样式面板进行选择即可。

在图层上添加投影、内阴影、外发光、内发光、斜面和浮雕、光泽、颜色叠加、渐变叠加、图案叠加和描边等任何一种或多种效果都可以创建自定义样式。

（1）投影：可在图层内容的后面添加阴影。可为图层上的对象、文本或形状后面添加阴影效果。可通过改变投影参数获得所需效果（图1-56）。

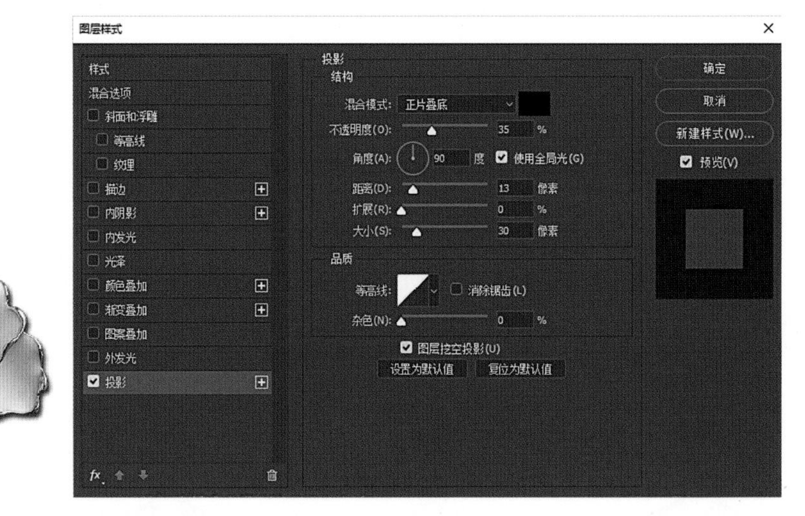

图1-56

（2）内阴影：可在对象、文本或形状的内边缘添加阴影，使图层产生凹陷效果（图1-57）。

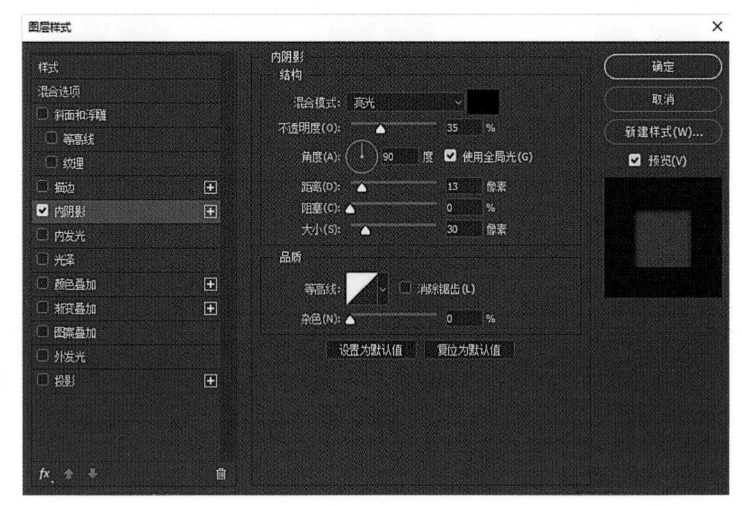

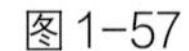
图1-57

（3）外发光：可从图层对象、文本或形状的边缘向外添加各种发光效果（图1-58）。

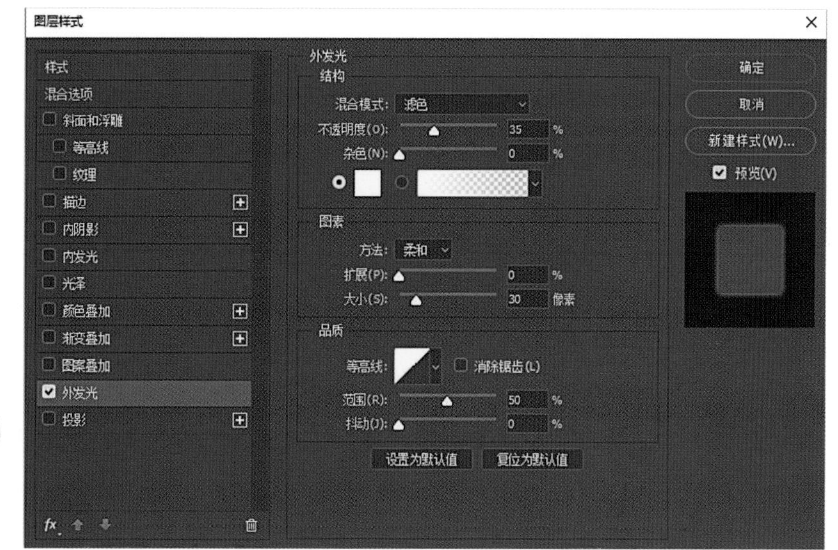

图 1-58

（4）内发光：可从图层对象、文本或形状的边缘向内添加发光效果（图1-59）。

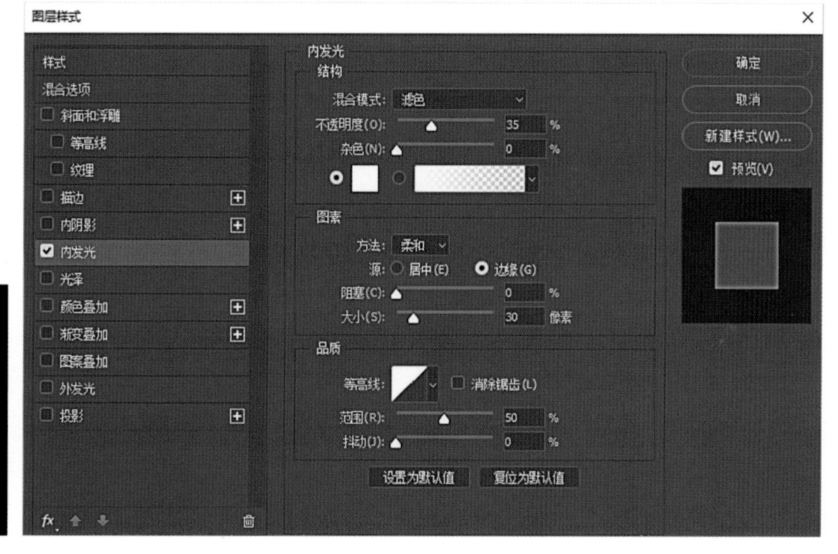

图 1-59

（5）斜面和浮雕：可为图层添加高光显示和阴影，做出浮雕效果和其他纹理效果（图1-60）。

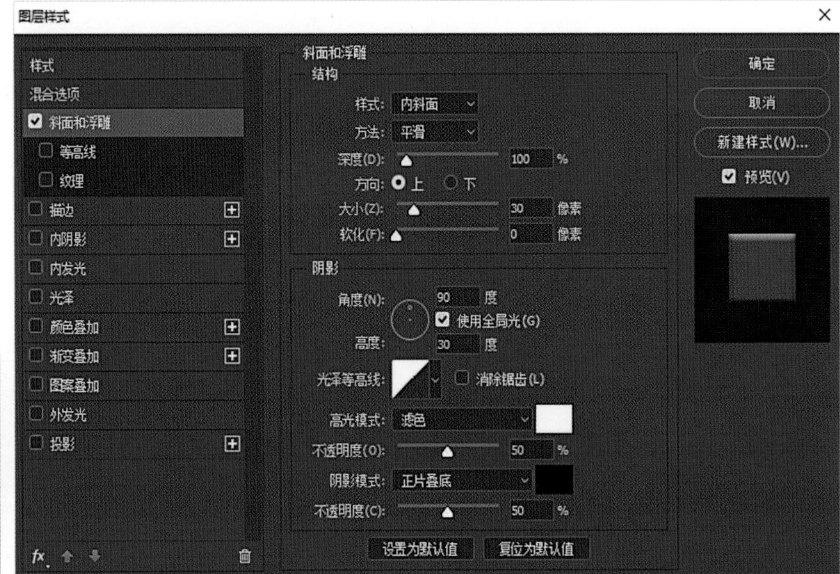

图1-60

（6）光泽：可在图层对象内部增加阴影（图1-61）。

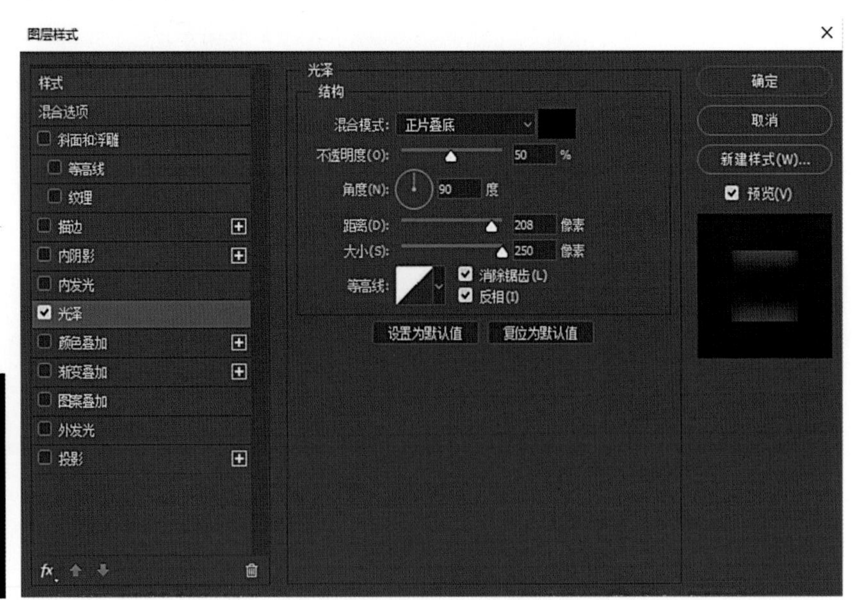

图1-61

（7）颜色叠加：可在图层对象上叠加一种颜色，单击混合模式旁的色块，可通过选取叠加颜色对话框选择任意颜色（图1-62）。

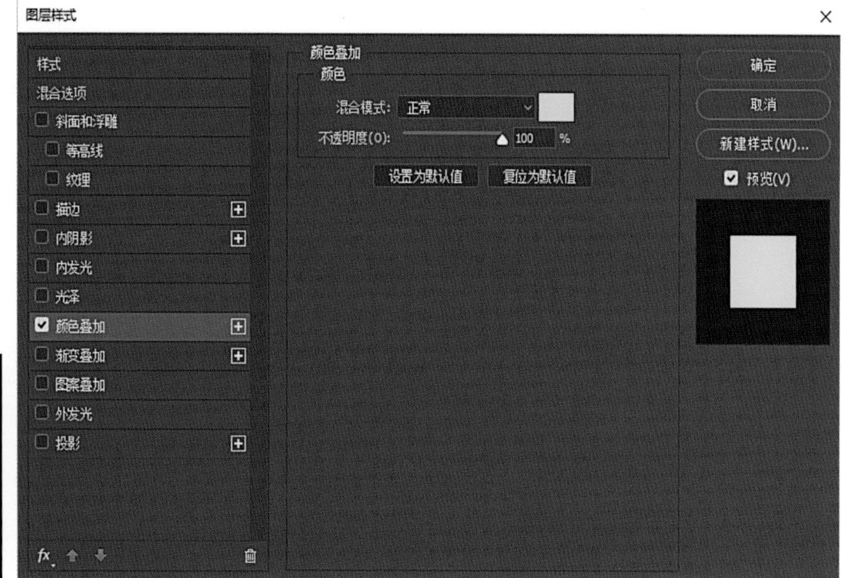

图1-62

（8）渐变叠加：可在图层对象上叠加一种渐变颜色，单击渐变色条打开渐变编辑器，可选择各种不同的渐变颜色（图1-63）。

图1-63

（9）图案叠加：可在图层对象上叠加图案，在图案拾取器中还可选择其他图案（图 1-64）。

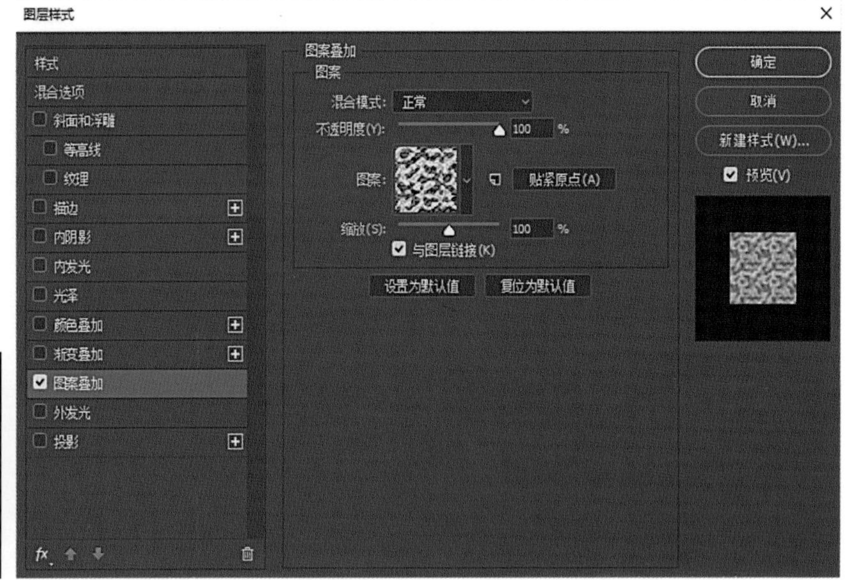

图 1-64

（10）描边：使用颜色、渐变颜色或图案描绘当前图层上的对象、文本或形状的轮廓，对于边缘清晰的形状效果尤为明显（图 1-65）。

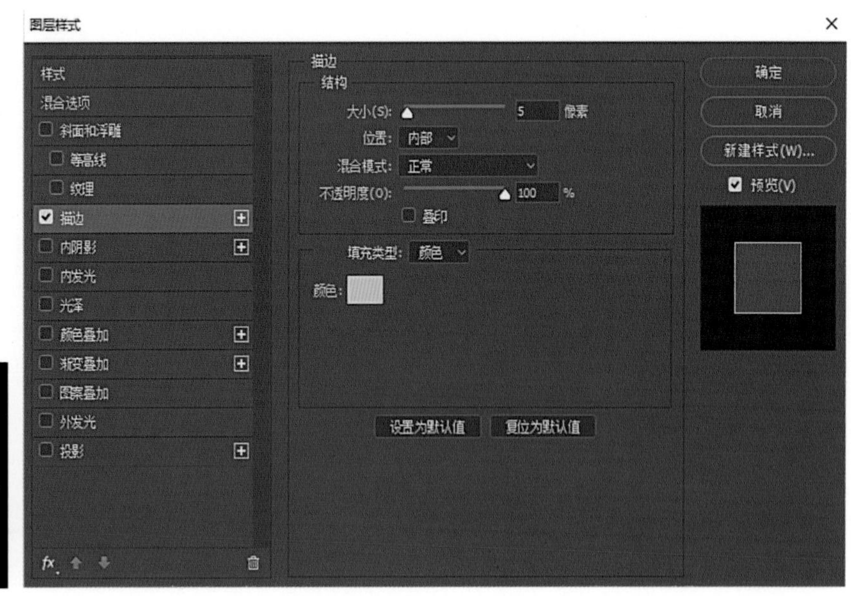

图 1-65

项目二

面料绘制

任务 2-1

常见面料绘制

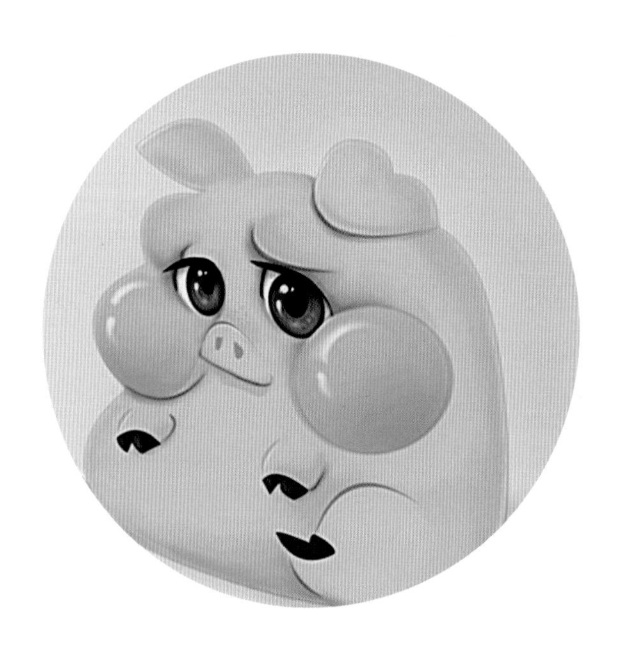

面料是服装造型的重要元素，是服装色彩、款式等特征形式的表现载体。因此学会制作面料是很重要的。

一、任务简介

运用Photoshop软件中的各种工具绘制各种服装面料，为后期效果图制作积累素材。

二、任务分析

面料制作是电脑服装效果图的必备知识，运用Photoshop软件中的滤镜等工具可以绘制出各种服装面料，效果逼真，在没有真实面料的情况下，制作出的电脑面料可以使效果图更加出彩。

任务重点：滤镜下各种工具的使用的方法。

任务难点：滤镜下各种工具表现出面料质感。

三、面料绘制步骤

1. 花色面料

（1）打开一张素材图片（图2-1）。

（2）用磁性套索工具勾出边缘（图2-2）。

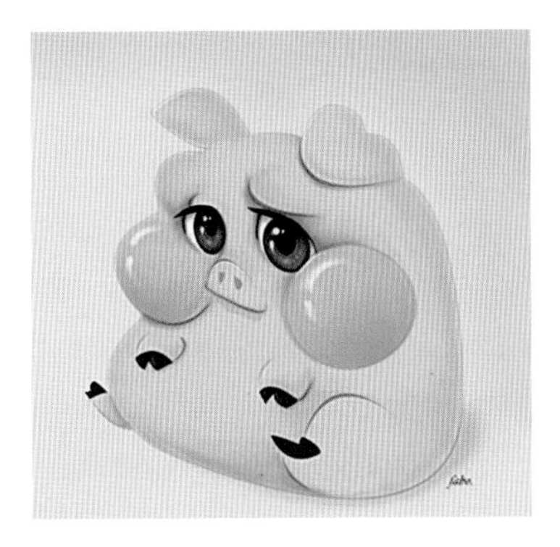

图2-1

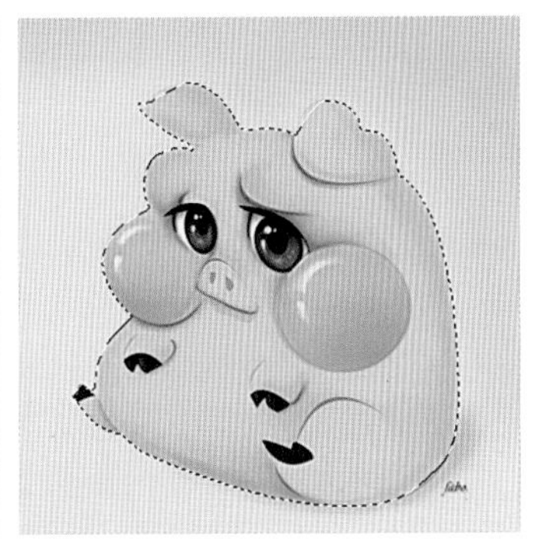

图2-2

（3）选择→反向，按Delete键，将多余的图案删除（图2-3）。

（4）在图层面板上双击图层，使之由锁定状态变成可编辑状态。使用魔棒工具，选择白色部分，按Delete键，删除白色部分（图2-4）。

选择(S)　滤镜(T)　分析(A)　视图(V)
全部(A)　Ctrl+A
取消选择(D)　Ctrl+D
重新选择(E)　Shift+Ctrl+D
反向(I)　Shift+Ctrl+I

图2-3

（5）定义图案（编辑/定义图案）（图2-5）。

（6）新建一个文件，用来填充图案（图2-6）。

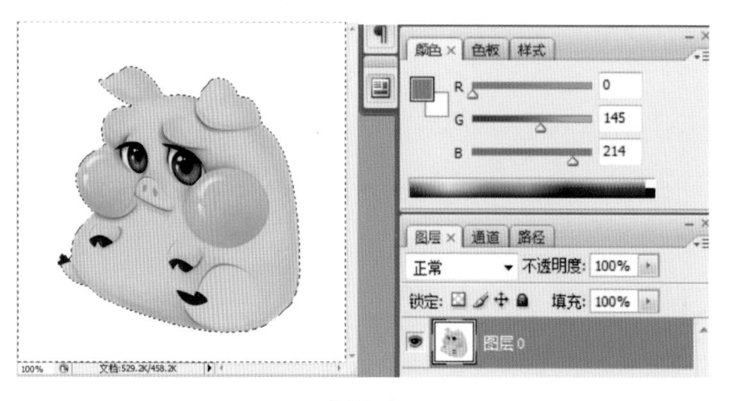

图2-4

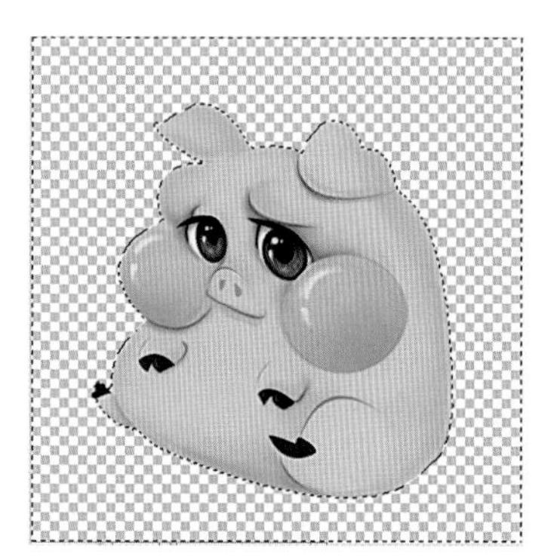

图2-5

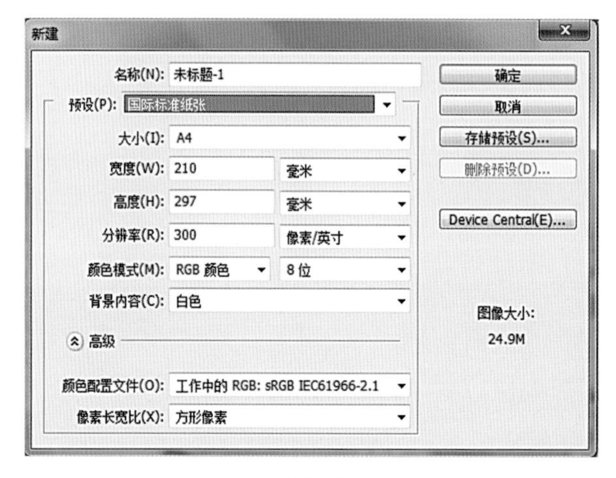

图2-6

（7）选择油漆桶工具填充图案，如需要变化底色，可以先填充前景色，再填充图案即可（图2-7）。

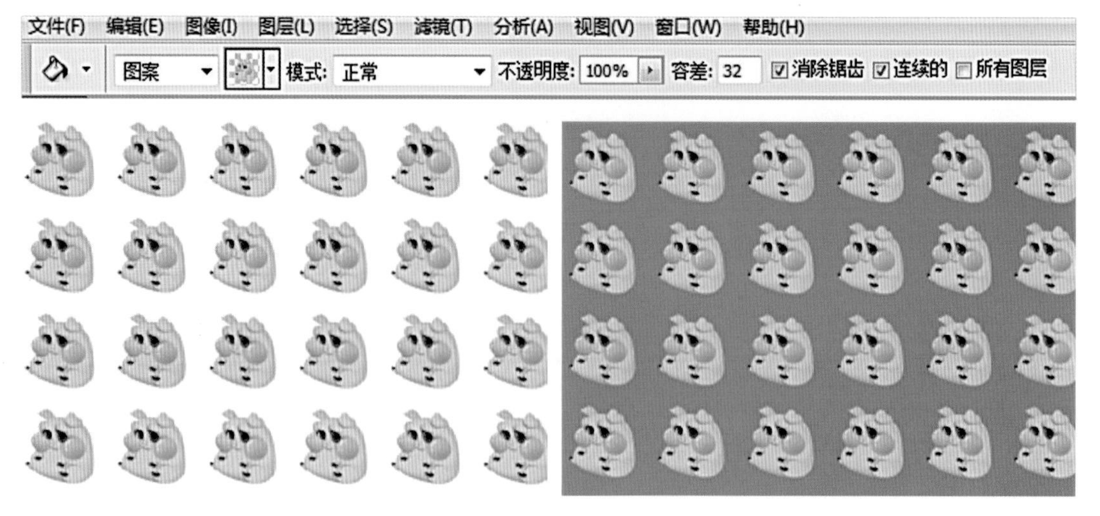

图2-7

（8）按组合键Ctrl+U，弹出“色相/饱和度”对话框，调整色相就可以调整颜色（图2-8）。

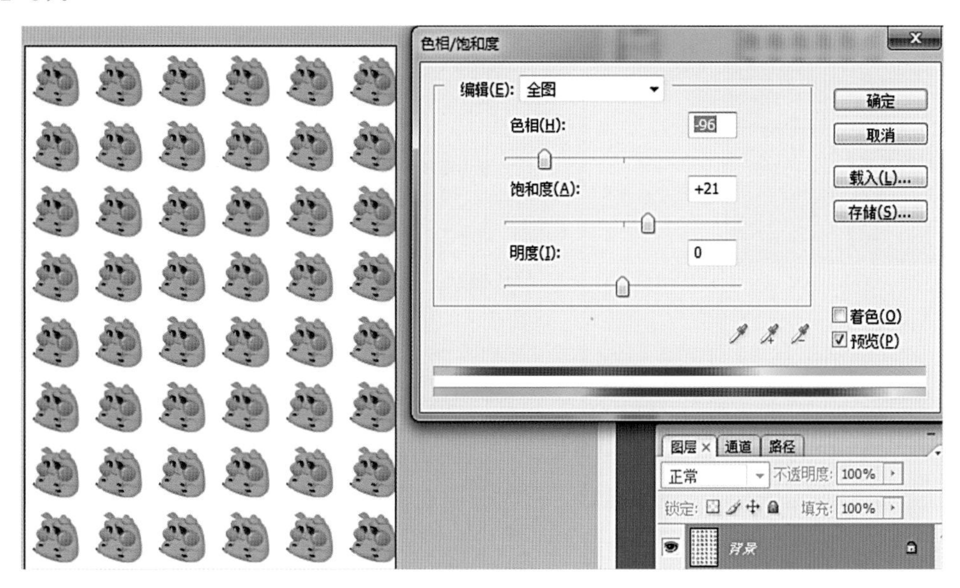

图2-8

2. 粗花呢

（1）新建文件（图2-9）。

（2）设置前景色，填充图层（图2-10）。

图2-9

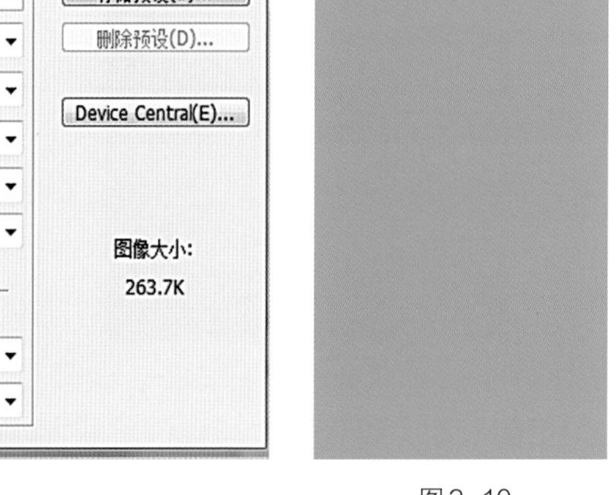

图2-10

（3）执行滤镜→杂色→添加杂色（图2-11）。

（4）执行滤镜→艺术效果→粗糙蜡笔（图2-12）。

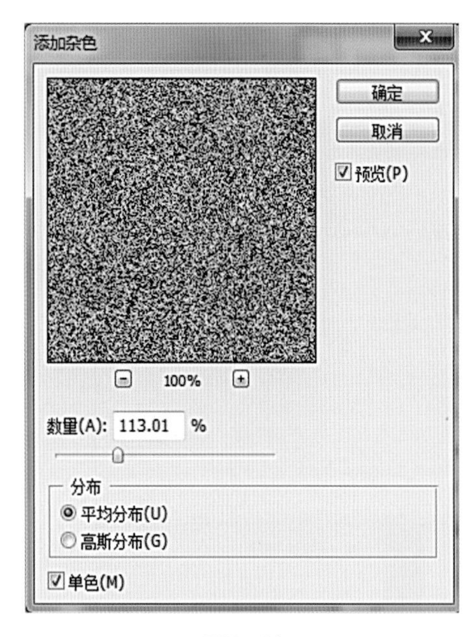

图2-11

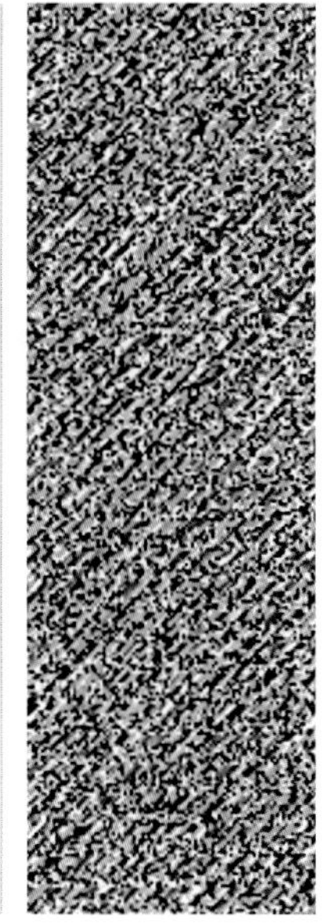

图2-12

3. 斜纹牛仔布

（1）新建文件，填充蓝色（图2-13）。

（2）执行滤镜→纹理→纹理化（200，20，上）（图2-14）。

图2-13

图2-14

（3）图层旋转90°，变为竖纹（图2-15）。

（4）执行滤镜→锐化→USM锐化（100，2.0，20）（图2-16）。

（5）制作粗斜纹。新建0.3cm×0.3cm文件，画笔工具3像素，画出45°，蓝色斜纹，定义图案（图2-17）。

（6）回到面料文件，新建图层，填充粗斜纹，改图层模式为线性加深（图2-18）。

（7）对粗斜纹图层执行滤镜→扭曲→玻璃（3，6，100%）（图2-19）。

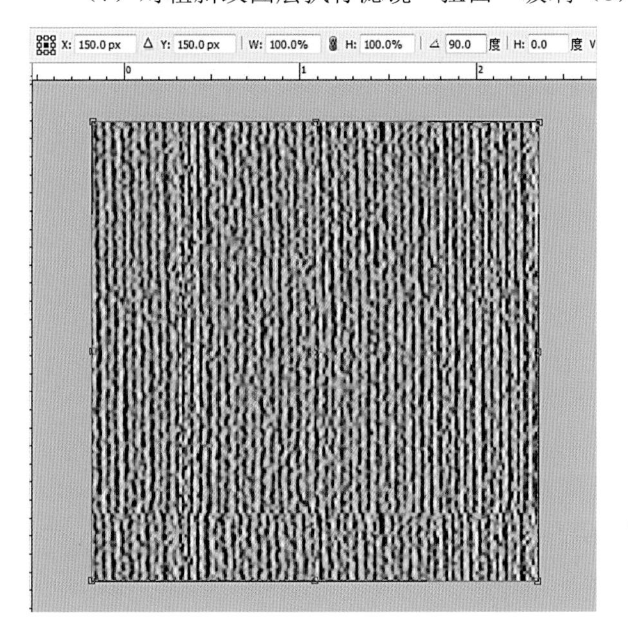

图2-15

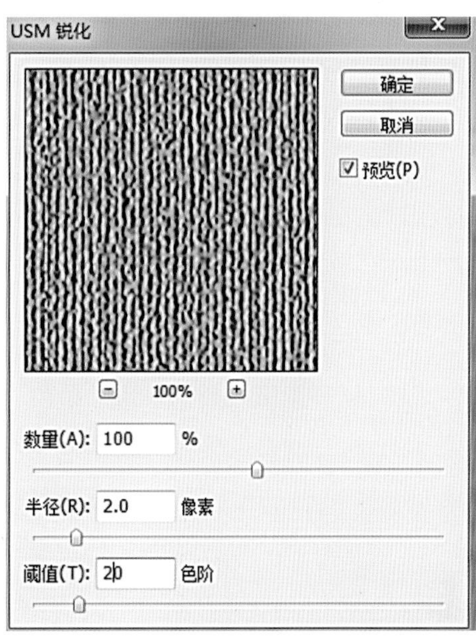

图2-16

图2-17

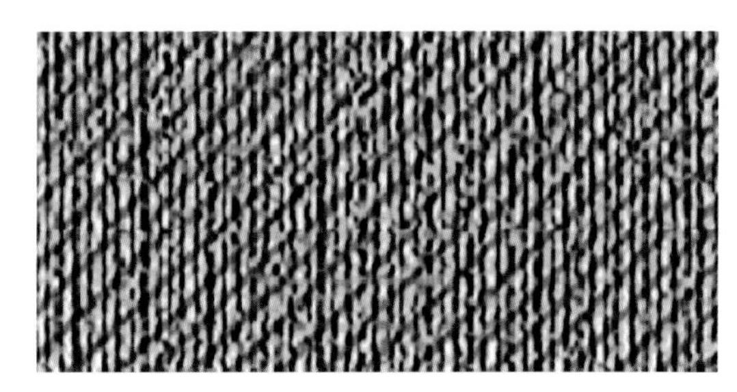

图2-18

图2-19

（8）执行滤镜→艺术效果→涂抹棒（0，20，6），调整亮度/对比度（图2-20）。

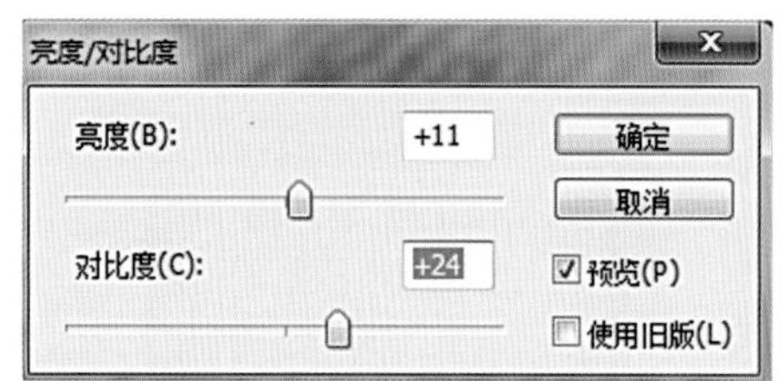

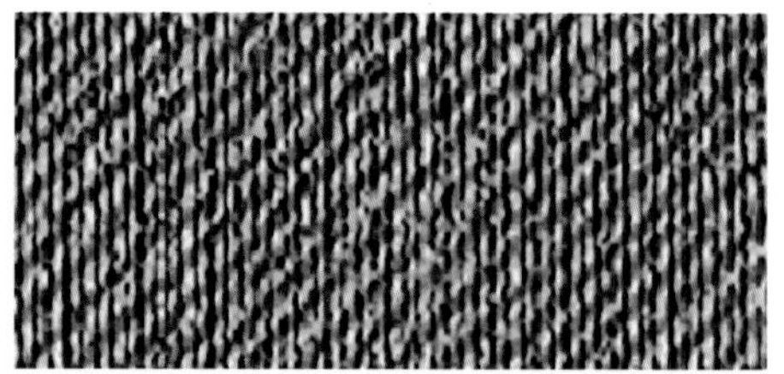

图2-20

4. 针织面料

（1）新建文件，填充前景色（图2-21）。

（2）执行滤镜→杂色→添加杂色（图2-22）。

（3）执行滤镜→素描→炭精笔（图2-23）。

图2-21

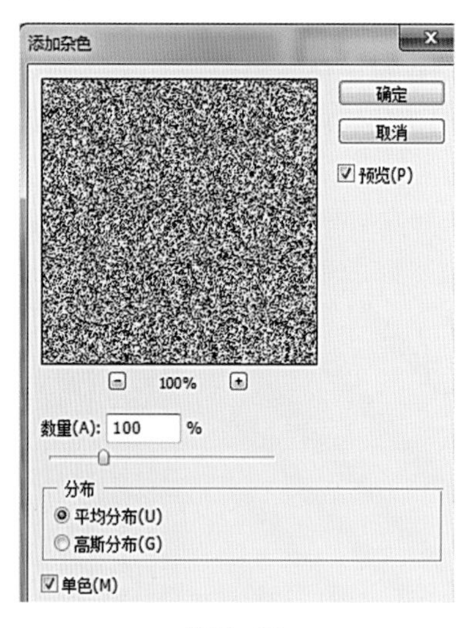

图2-22

图2-23

（4）执行滤镜→模糊→动感模糊/（0度，50像素）（图2-24）。

（5）执行滤镜→风格化→浮雕效果（90度，6PIX，150%）（图2-25）。

5. 麻

（1）新建文件，填充前景色（图2-26）。

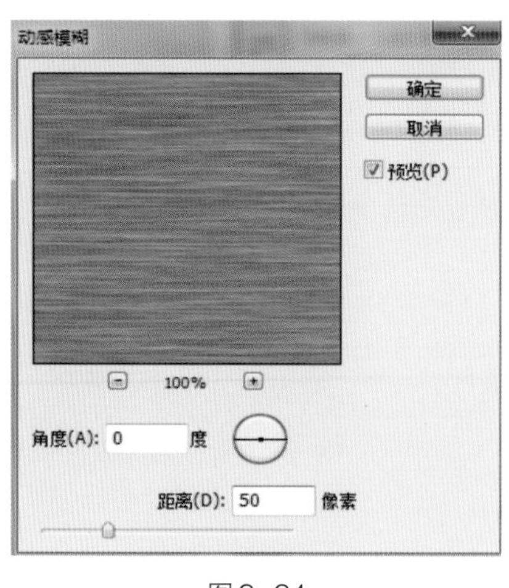

图2-24

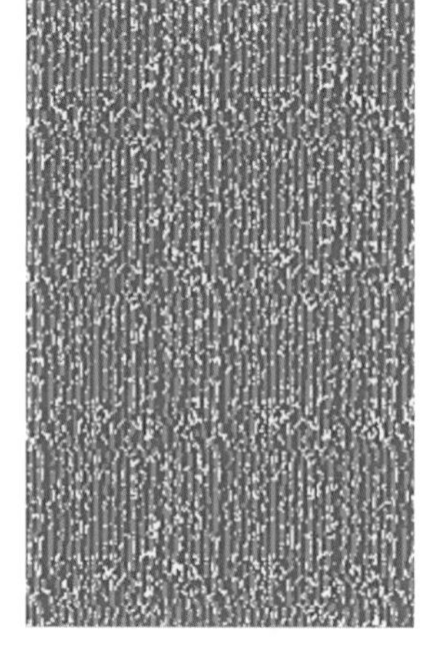

图2-25

（2）执行滤镜→杂色→添加杂色（数量60%，平均分布）（图2-27）。

（3）执行滤镜→模糊→动感模糊（0度，50PIX）。

（4）复制图层，将新复制的图层旋转90度（组合键Ctrl+T）图层模式（叠加）（图2-28、图2-29）。

图2-26

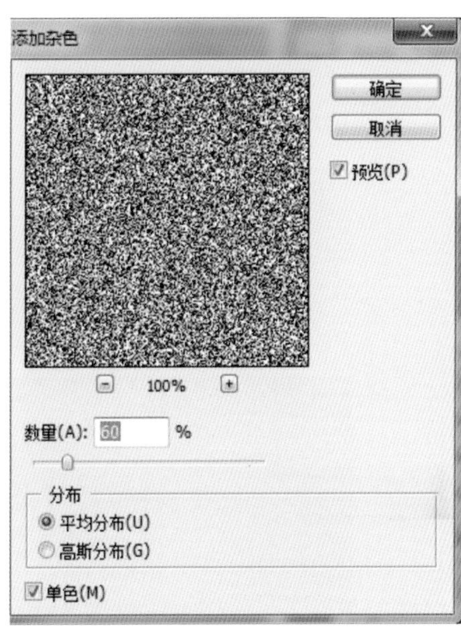

图2-27

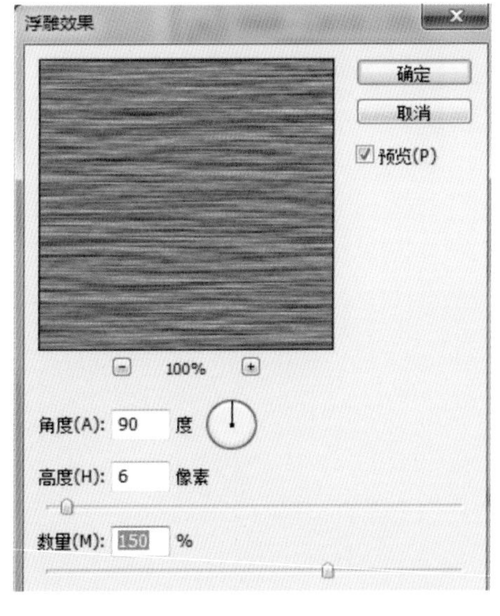

图2-28

图2-29

（5）合并图层，按组合键CTRL+E（图2-30）。

（6）执行图像→调整→色相→饱和度（组合键CTRL+U）（图2-31）。

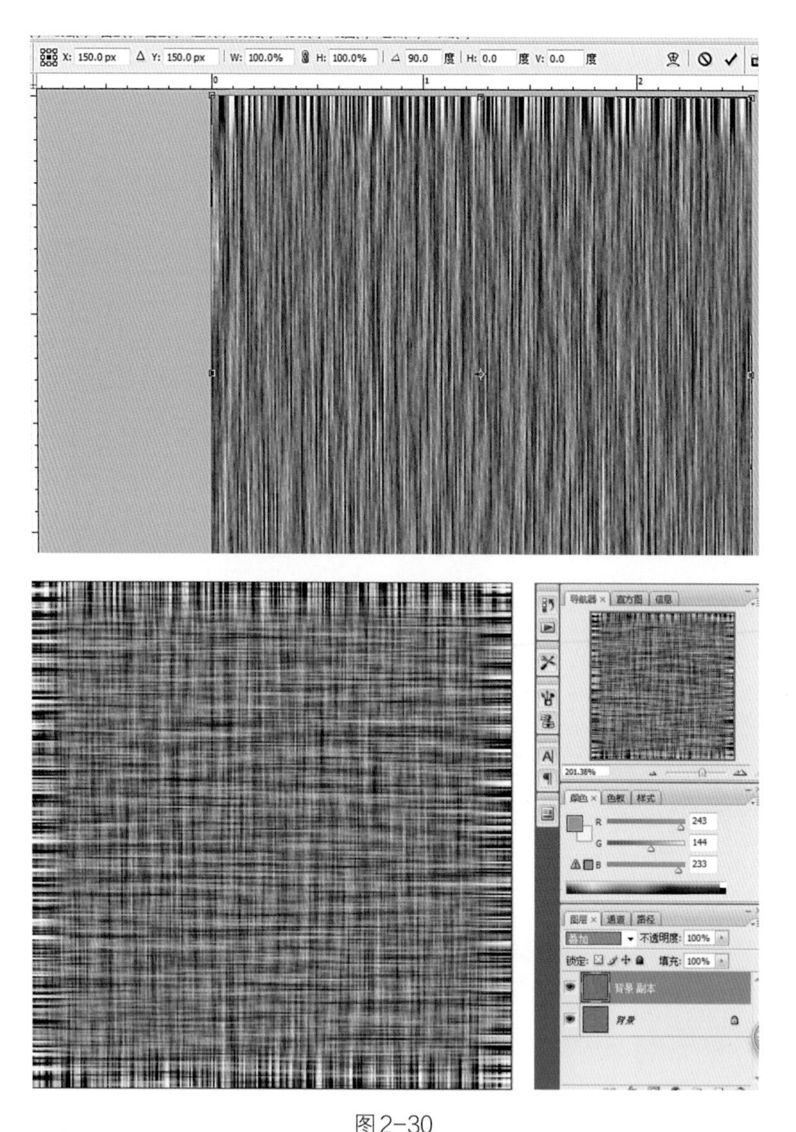

图2-30

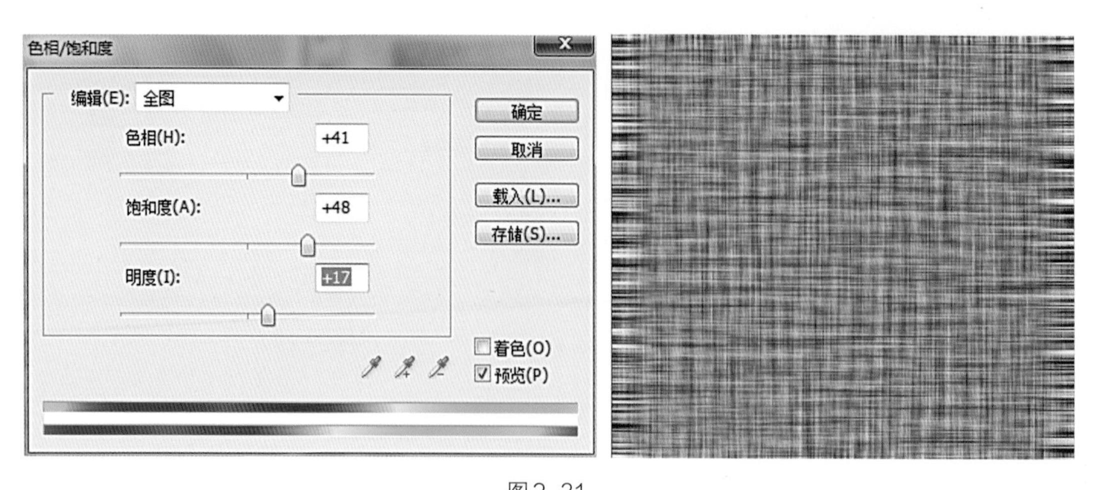

图2-31

6. 人字呢

（1）新建文件，双击背景层，转换为普通图层。

（2）按组合键CTRL+A全选，单击鼠标右键填充图案箭尾（第2排倒数第2个）（图2-32）。

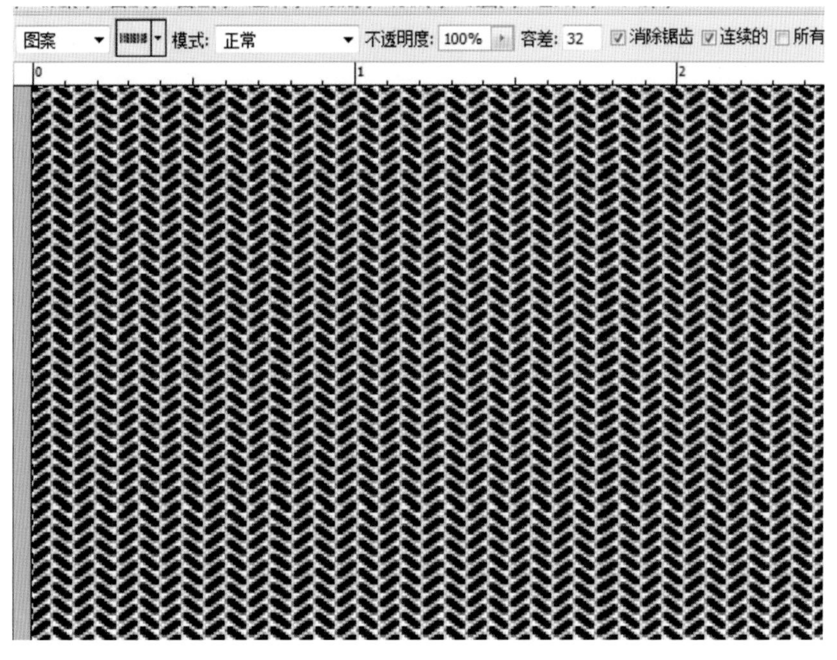

图2-32

（3）双击图层，调出图层样式的混合选项，进入斜面和浮雕调板（深度1%）进入纹理调板（加载箭尾图案250%，深度-1000%）（图2-33）。

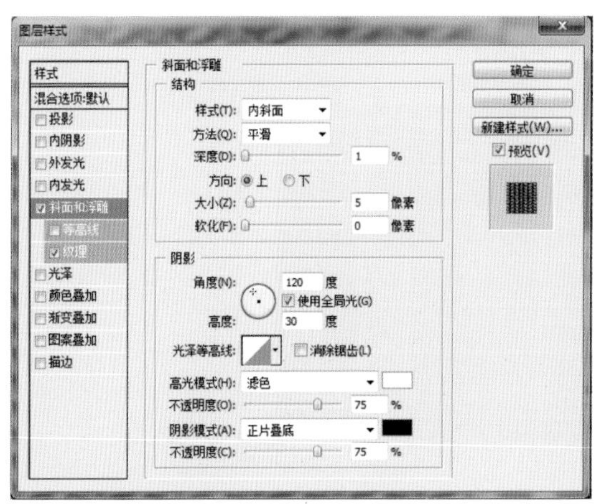

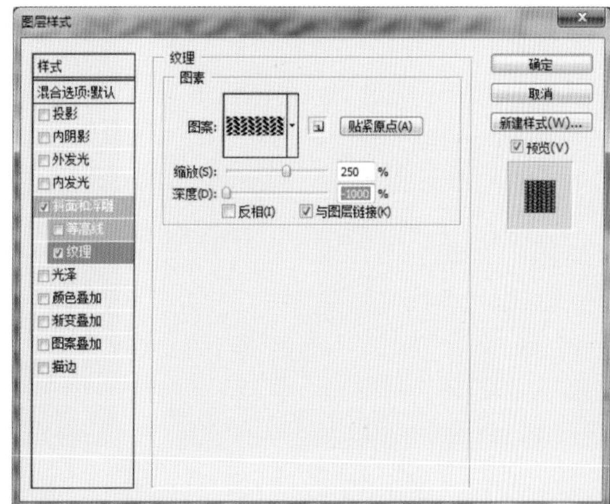

图2-33

（4）执行滤镜→杂色→添加杂色（100%，平均分布）（图2-34）。

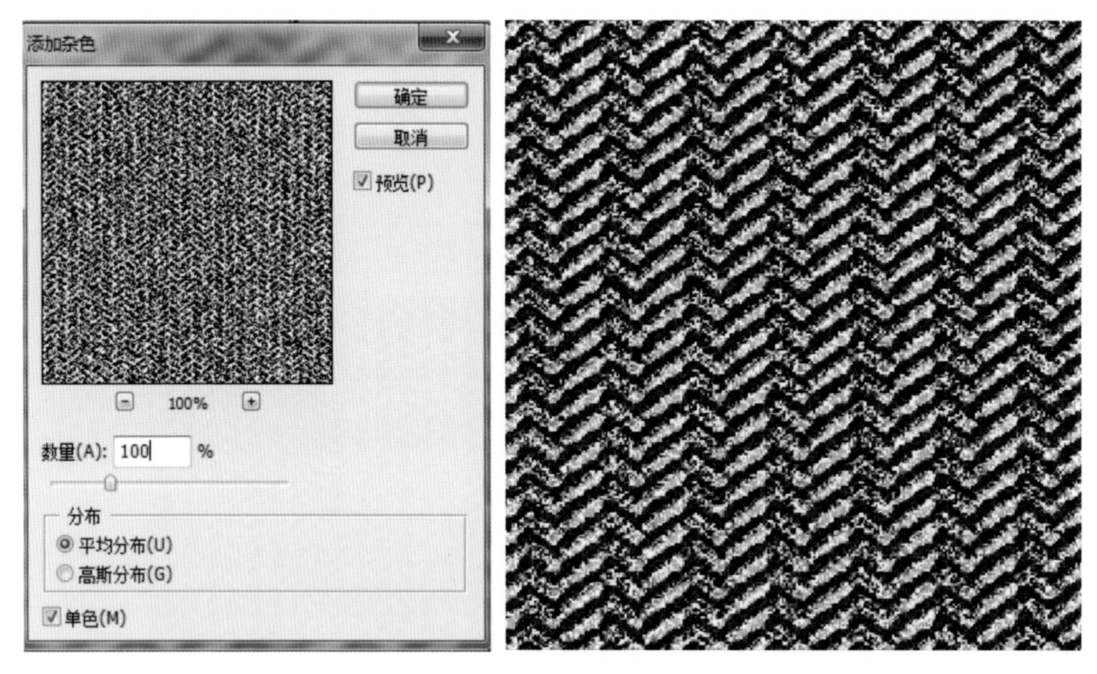

图2-34

7. 单色方格

（1）新建文件，前景色填充（图2-35）。

（2）执行滤镜→风格化→拼贴（10，1%）（图2-36）。

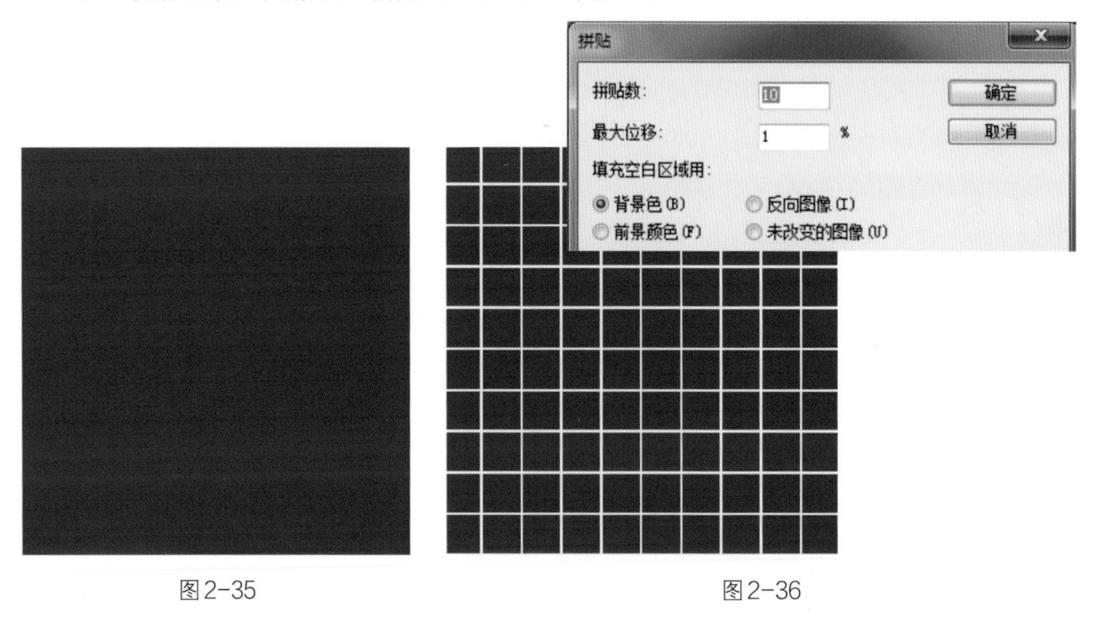

图2-35

图2-36

（3）执行滤镜→像素化→碎片（图2-37）。

（4）执行滤镜→其他→最大值（1像素）（图2-38）。

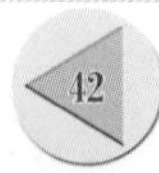

图2-37

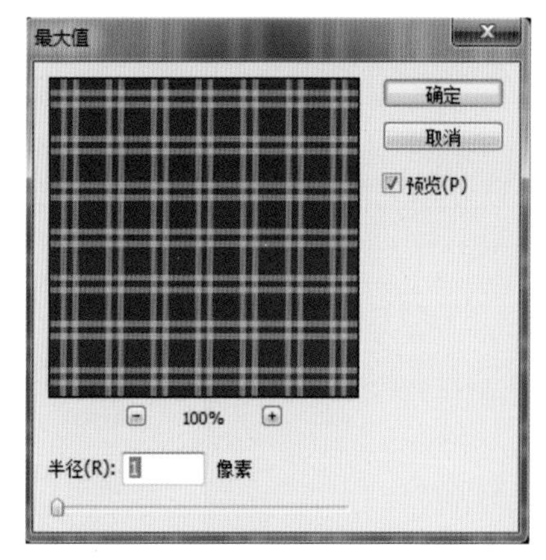

图2-38

（5）执行滤镜→纹理→纹理化（画布50%，4）（图2-39）。

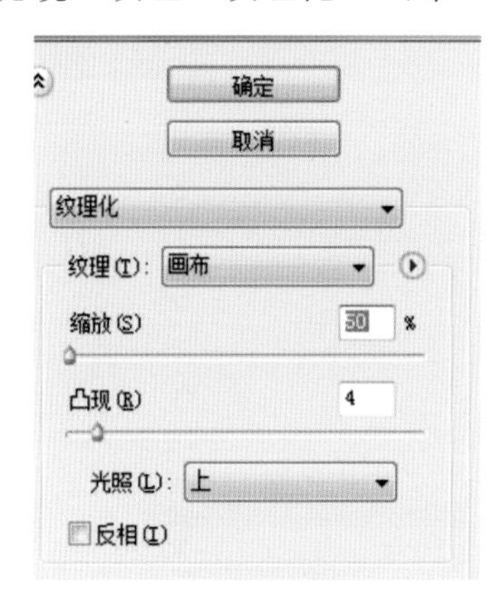

图2-39

8. 斜纹棉布

（1）填充前景色（前景色随意，背景色白色）（图2-40）。

（2）执行滤镜→渲染→云彩（图2-41）。

图2-40

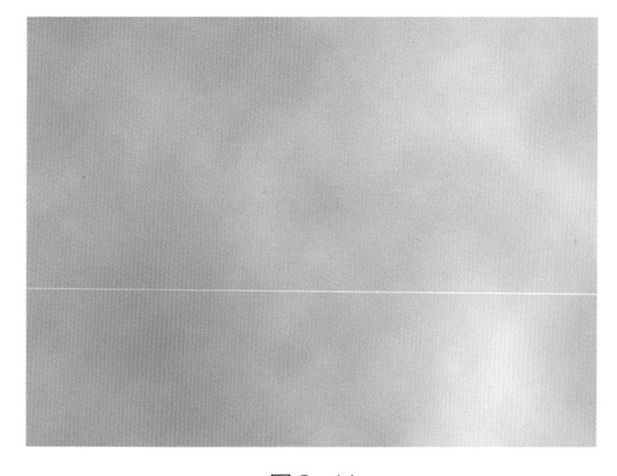

图2-41

（3）执行滤镜→杂色→添加杂色（30%，平均分布，单色）（图2-42）。

（4）执行滤镜→艺术效果→纹理化（基本设置不变）（图2-43）。

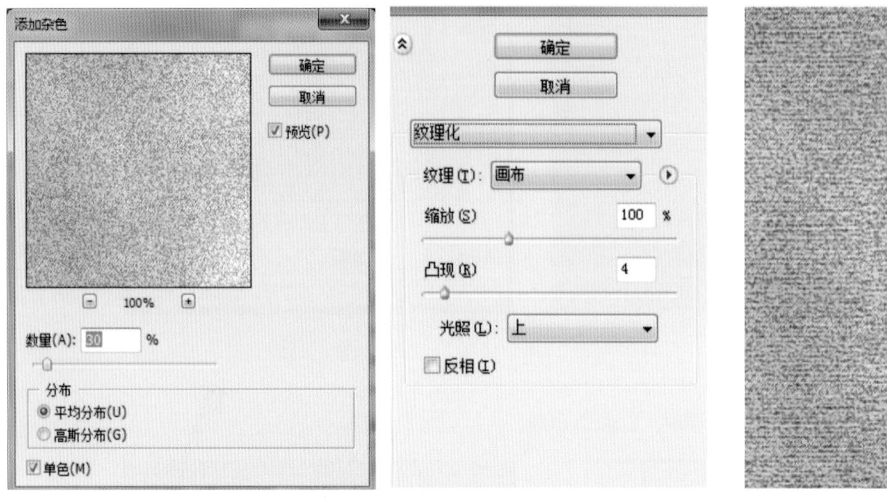

图2-42

图2-43

（5）双击图层，使之变成可编辑状态，按组合键Ctrl+T，旋转45°，填充完整（图2-44）。

（6）按Enter键，完成制作（图2-45）。

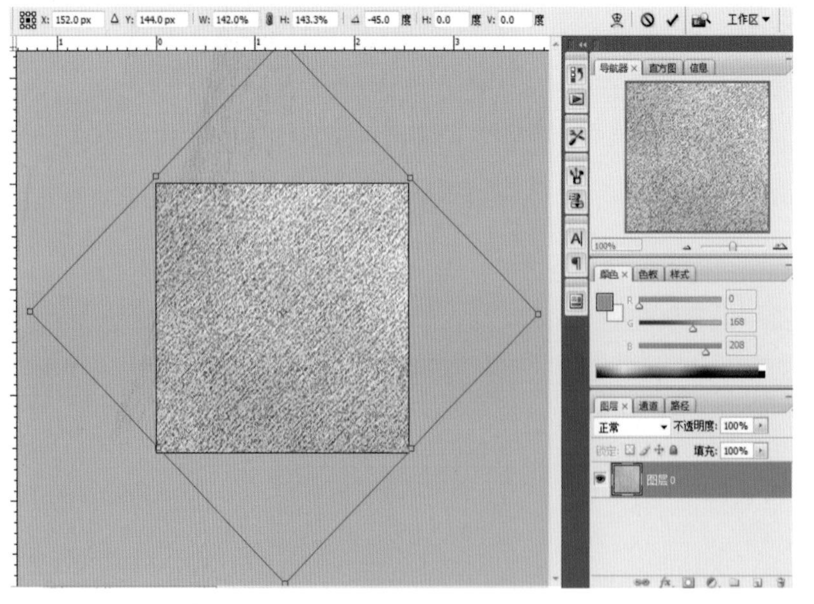

图2-44

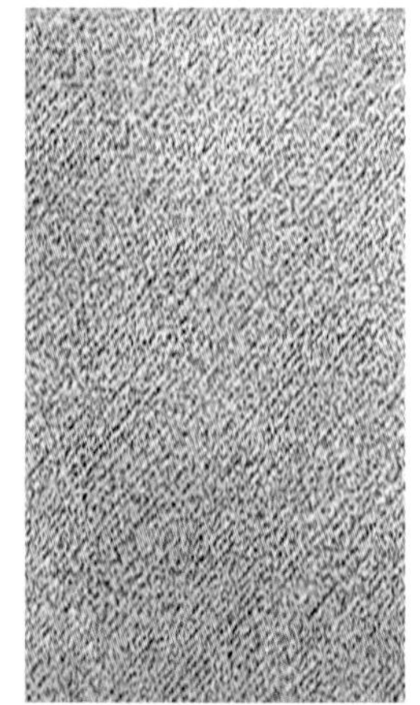

图2-45

任务 2-2

扫描面料绘制

由于电脑对于实物面料的表现是有限的，因此将面料扫描或拍照后应用于服装效果图中，可以更好地呈现出服装的着装效果。

一、任务简介

本任务主要是将实物面料扫描后应用到服装效果图中。由于许多实物面料的肌理、质感独特，即使用电脑也难以将其完美地表现出来，因此，利用面料的真实效果进行服装肌理的质感表现是较为常用的一种电脑服装效果图的表现形式。

二、面料扫描

扫描实物面料，需要注意保持面料的平整，避免因外力拉扯而引起的纱向扭曲或纹理变形等问题。另外，还需要避免疵点、污渍、对格等问题（图2-46）。

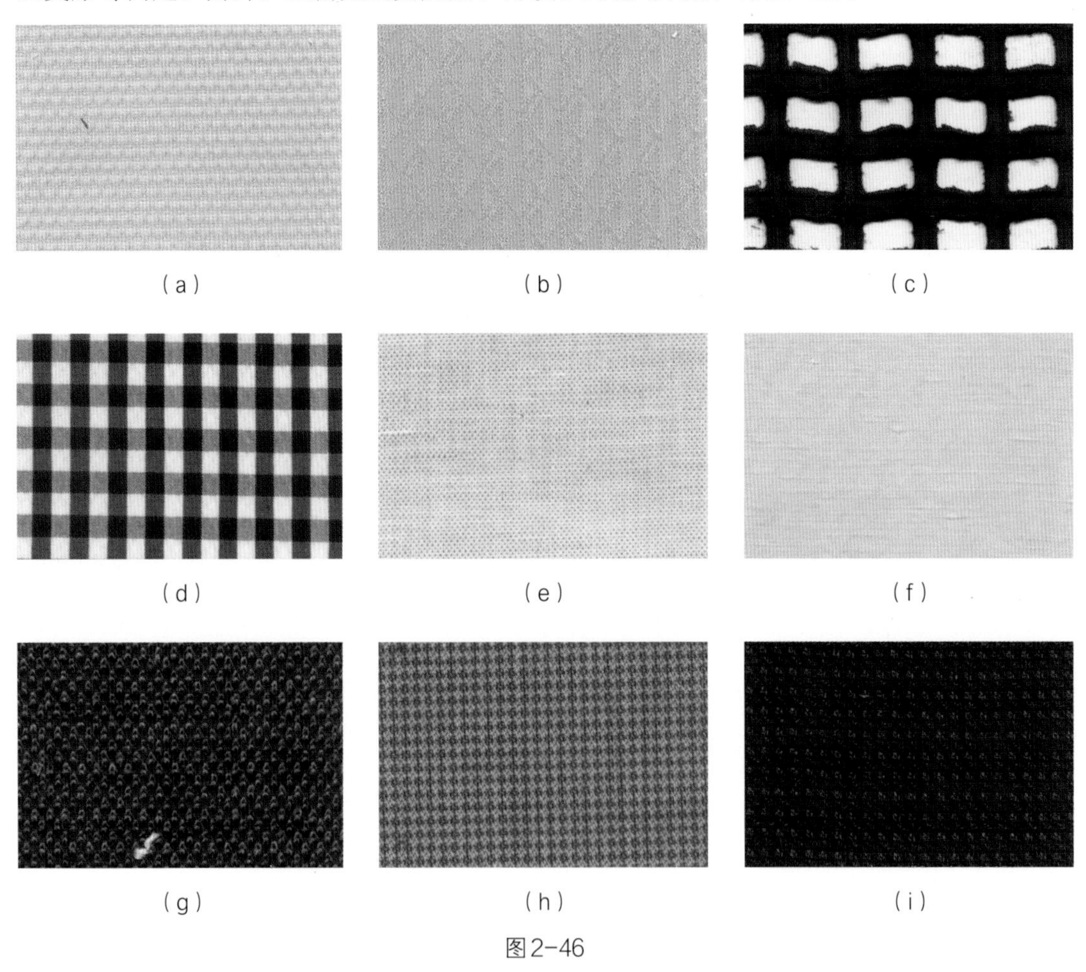

（a）（b）（c）（d）（e）（f）（g）（h）（i）

图2-46

三、扫描面料绘制步骤

扫描面料因为面料的尺寸色彩有限，需要在绘图过程中进行处理，才能达到自然、生动、逼真的效果。另外，多种面料同时使用时需要注意搭配合理、色彩协调。

线稿处理与皮肤的绘制方法与前面任务一致，在此略过。以下主要介绍实物面料在服装效果图中的应用。

（1）打开一张实物扫描面料素材。

（2）使用矩形框选工具选择出一个能够形成四方连续的方形。如对色彩不满意，可使用组合键Ctrl+U，在弹出的“色相/饱和度”对话框中进行调整。单击“编辑/定义”图案（图2-47）。

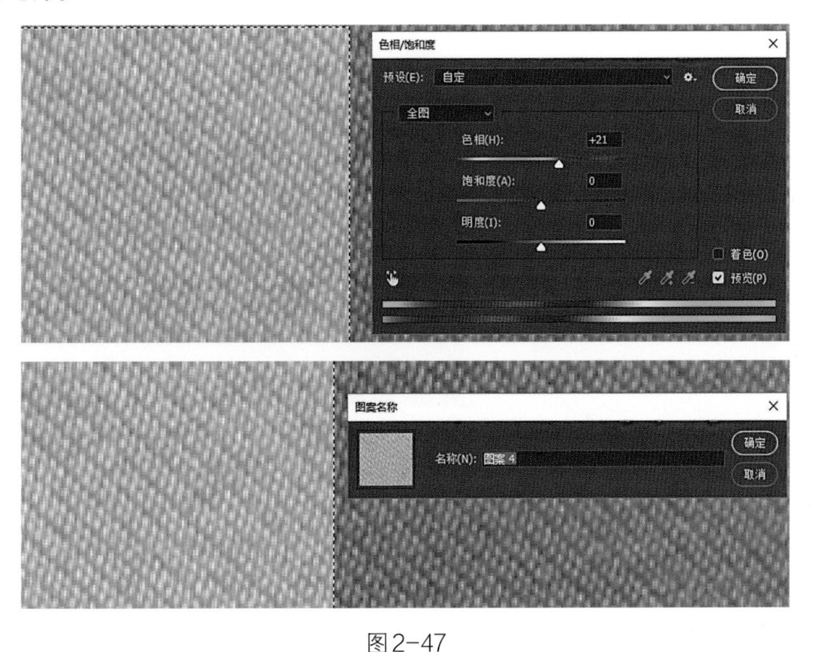

图2-47

（3）打开服装效果图，将要填充面料的部分钢笔或者磁性套索勾线，变成选区。选择填充工具，填充选区（图2-48）。

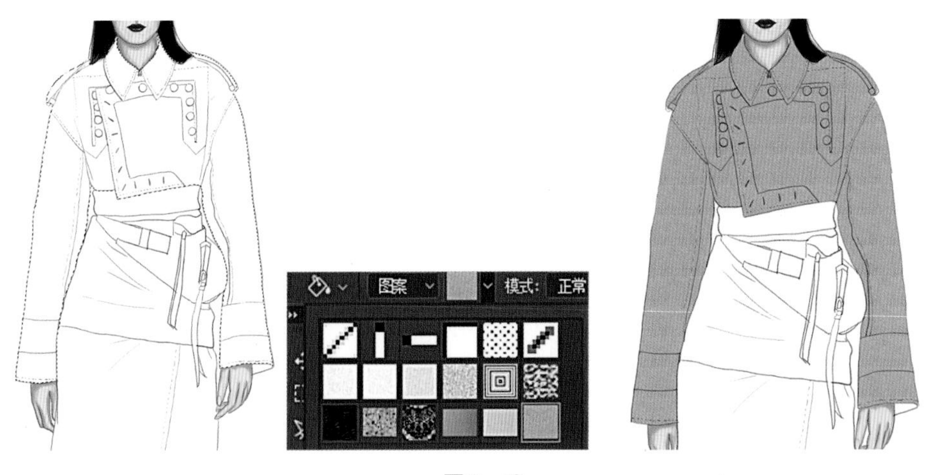

图2-48

（4）使用同样的方法，完成裙子面料的填充。按组合键Ctrl+M，在弹出的“曲线”对话框中调整面料的亮度（图2-49）。

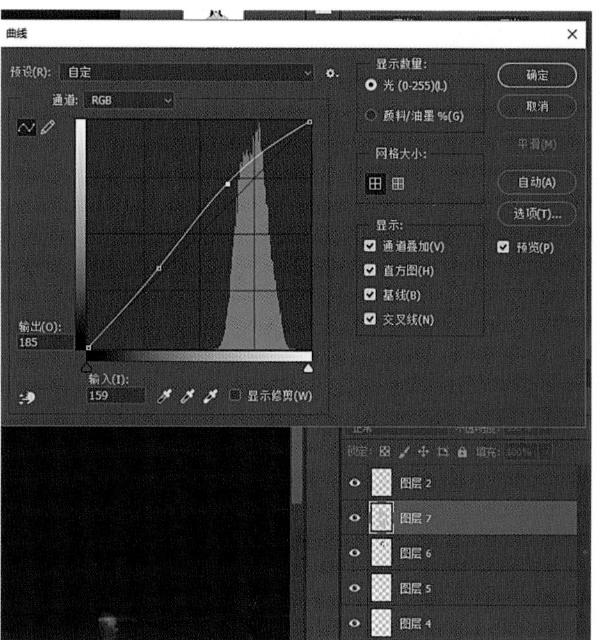

图2-49

（5）打开一个牛仔面料素材，按组合键Ctrl+T调整牛仔素材的位置及大小，将其覆盖在腰部。关闭牛仔面料素材，用磁性套索工具勾选腰部，打开牛仔素材，执行选择→反向，按Delete键删除多余的面料（图2-50）。

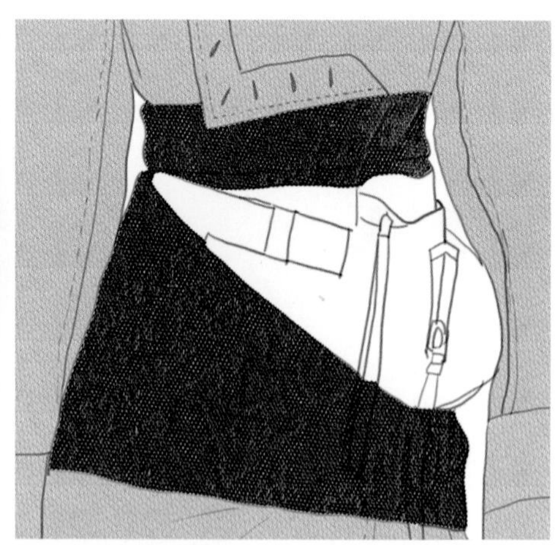

图2-50

（6）新建腰包拉链图层，填充牛仔面料。勾选包带部分，填充黑色。拉链绳索勾选后填充与服装同样的面料（图2-51）。

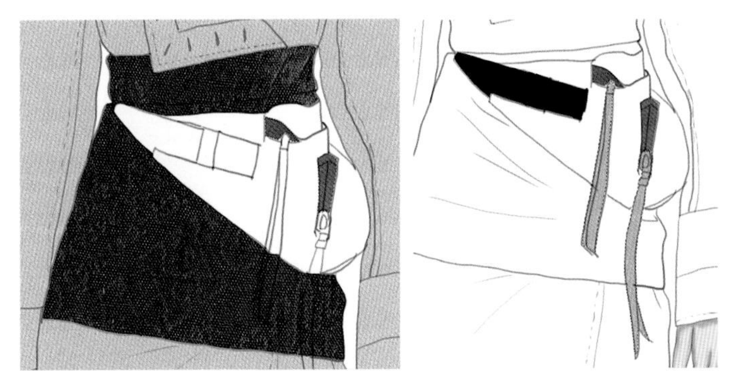

图2-51

（7）新建腰包图层，填充与服装相同的面料，按组合键Ctrl+M调整腰包的亮度。至此，服装的整体面料填充完成（图2-52）。

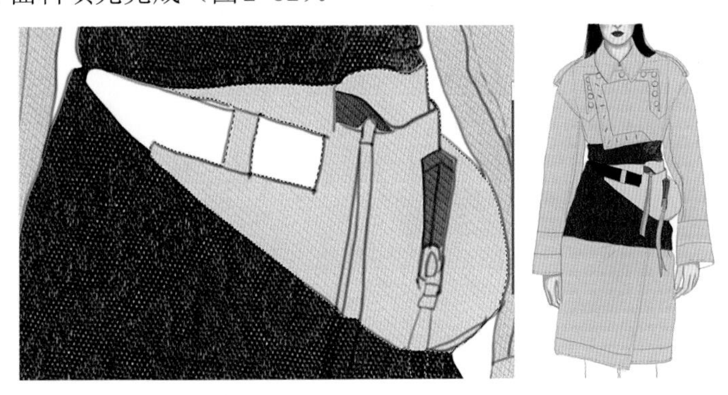

图2-52

（8）给外套做纽扣。选择一个纽扣图片素材。用椭圆选框工具框选纽扣，按组合键Ctrl+C复制。在服装上新建纽扣图层，按组合键Ctrl+V粘贴（图2-53）。

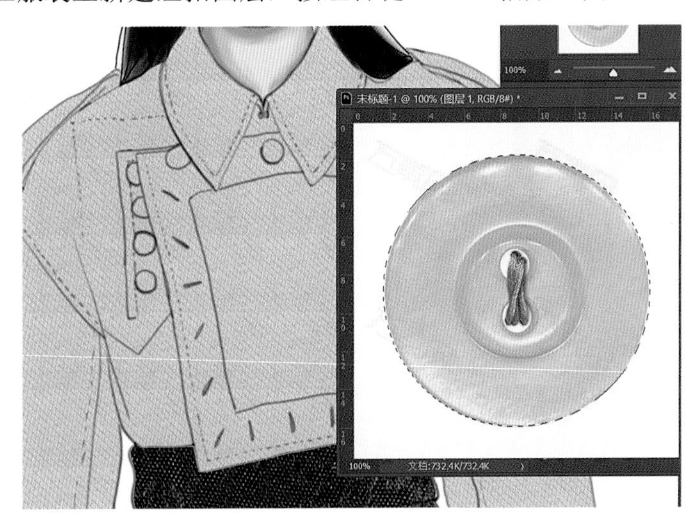

图2-53

（9）按组合键Ctrl+U调整纽扣的颜色。多复制几次，按组合键Ctrl+T调整纽扣的位置及大小（图2-54）。

图2-54

（10）用多边形套索工具，羽化值15像素左右，此数值可根据新建文件的大小进行调整。勾选服装的阴影部位。新建高光图层，用画笔工具，白色前景色绘制高光，用涂抹工具调整阴影、高光细节（图2-55）。

图2-55

活动总结

四、任务评价

任务评价表					
姓名		评价日期		是	否
学习效果	是否准确掌握了磁性套索工具勾线的使用方法？				
	是否会使用加定义图案工具绘制面料？				
	是否能够使用多边形套索工具绘制阴影和高光？				
学习态度及过程	你觉得老师的讲解示范是否清楚？			1.	
	你可以通过学习独立完成操作吗？			2.	
	以后遇到类似的任务你会操作吗？			3.	
总体评价	1.				
	2.				
	3.				

项目三

服装效果图表现

任务 3-1

基本面料服装效果图表现

使用 Photoshop 来绘制基本面料，可以让简单的款式变得更好看。通过对光影效果的学习和处理，让你更能体会光影对服装效果的重要性。

一、任务简介

上述已学习了头部及面料的绘制，对Photoshop软件中的基本工具已经有基本了解，本任务是使用所学的工具绘制一幅完整的服装效果图，加强对基本工具的应用及理解。

二、任务分析

通过使用钢笔工具勾线，填充颜色，并使用加深、减淡工具营造出光影效果。加强这些基本工具的应用，制作背景，绘制一幅基础的服装效果图。

任务重点：钢笔工具勾线。

任务难点：加深减淡工具的使用。

三、服装效果图绘制步骤

（1）打开一幅手绘稿。新建一个文件，A4大小，分辨率可以设置为150～300像素/英寸（图3-1）。

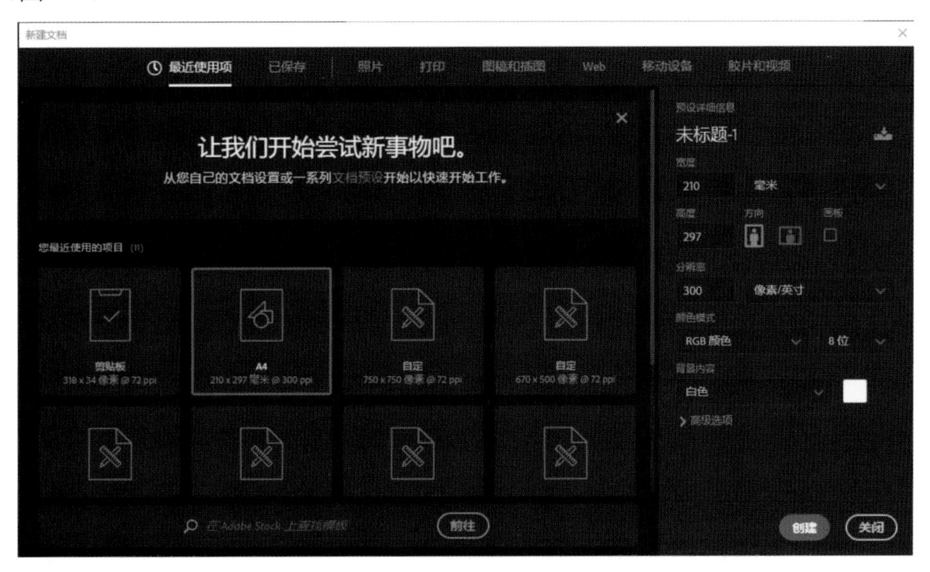

图3-1

（2）线稿的处理见任务1-1。

（3）新建一个图层，命名为皮肤。使用钢笔工具或磁性套索工具沿露出的皮肤勾线。选择适合的肤色，用油漆桶填色（建议使用钢笔工具勾线，训练使用鼠标或者数位笔绘图）。

（4）使用加深、减淡工具，画出皮肤的阴影及高光。也可以新建两个图层，分别命名为皮肤阴影及皮肤高光。用画笔工具画出阴影及高光，本次使用新建图层用画笔工具绘制的方法。

（5）新建图层，命名为妆容，完成脸部妆容的绘制。

（6）头发的绘制见任务1-3，此处头发较少，简单绘制黑色发丝即可（图3-2）。

（7）新建图层，命名为帽子。用钢笔工具或磁性套索工具勾线，变成选区，填充前景色。用加深、减淡工具绘制帽子的阴影和高光。再用涂抹工具调整阴影和高光的细节（图3-3）。

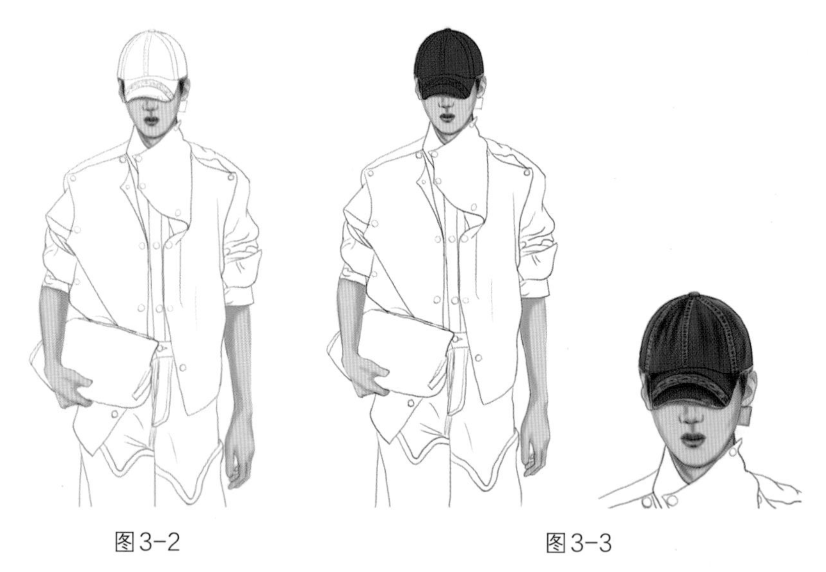

图3-2　　　　图3-3

（8）新建上衣图层，用钢笔工具或者磁性套索工具勾选上衣，用油漆桶工具填充前景色。执行滤镜→杂色→添加杂色，给上衣添加质感（图3-4）。

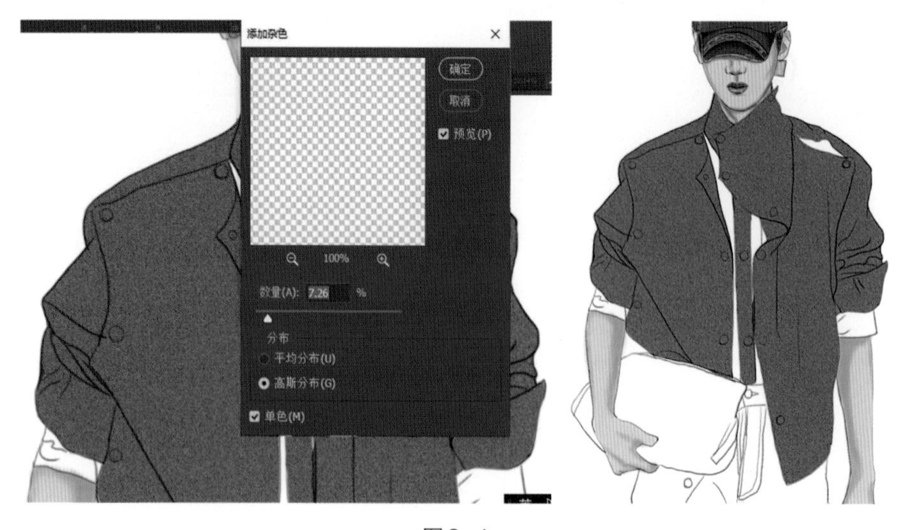

图3-4

（9）上衣的阴影和高光可以使用加深、减淡工具绘制，但是这两个工具会改变填充的颜色的色相，操作不易。因此可以新建阴影图层，图层设置为正片叠底，用深一号的前景色使用画笔工具绘制，再用涂抹工具调整细节。同样，新建高光图层，用白色画笔绘制，并用涂抹工具调整即可（图3-5）。

（10）新建手包图层，填充深灰色，用加深、减淡工具绘制光影效果（图3-6）。

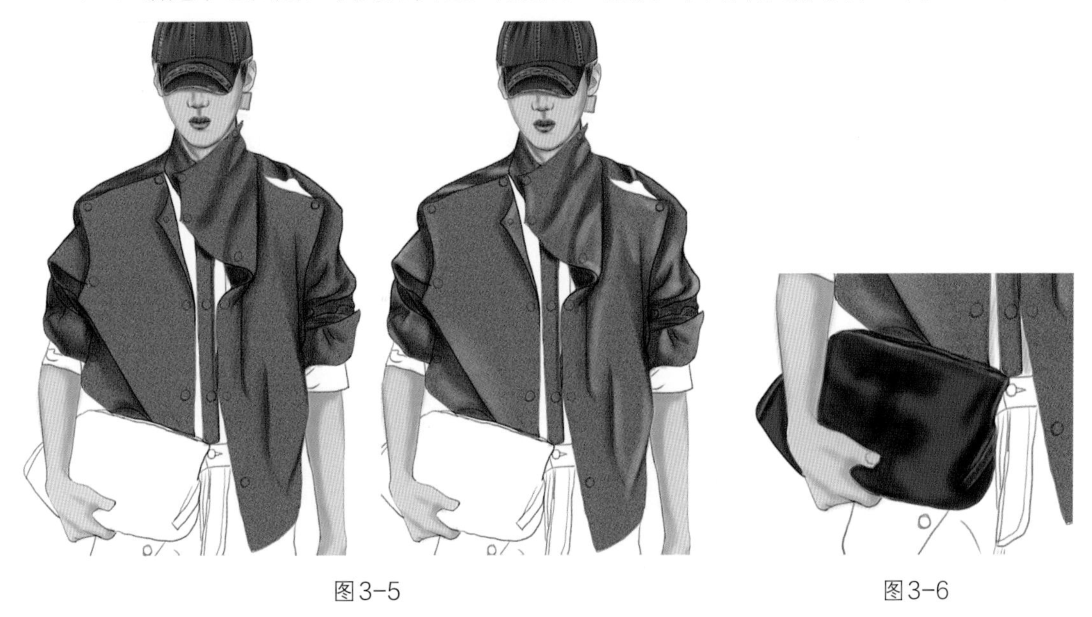

图3-5　　　　图3-6

（11）新建裤子图层，勾选后填充灰蓝色。执行滤镜→杂色→添加杂色（图3-7）。

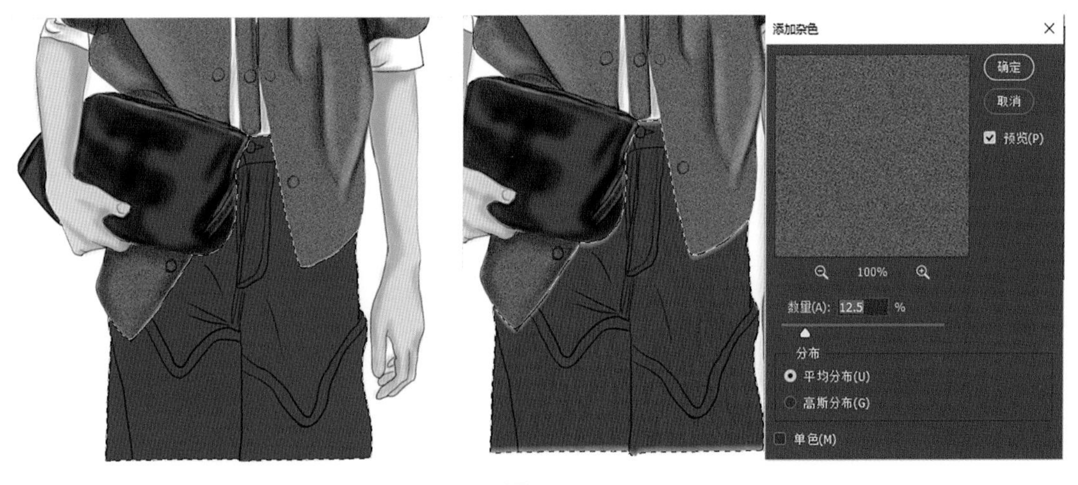

图3-7

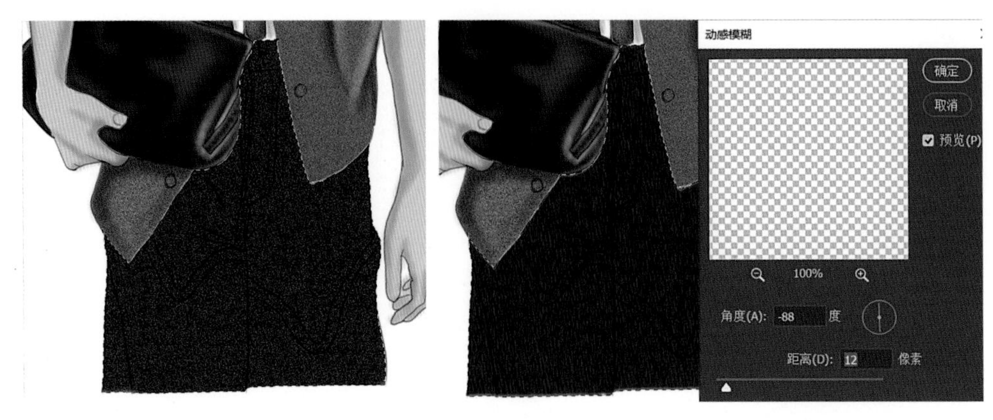

图3-7

（12）新建裤子阴影图层，画出阴影。用涂抹工具调整细节。新建裤子高光图层，画出裤子高光（图3-8）。

图3-8

（13）新建扣子图层，用椭圆框选工具框选扣子，并填充黑色。打开窗口——样式，找到适合做扣子的样式，并做调整。之后复制多个扣子图层，最后将所有扣子图层合并成一个图层即可（图3-9）。

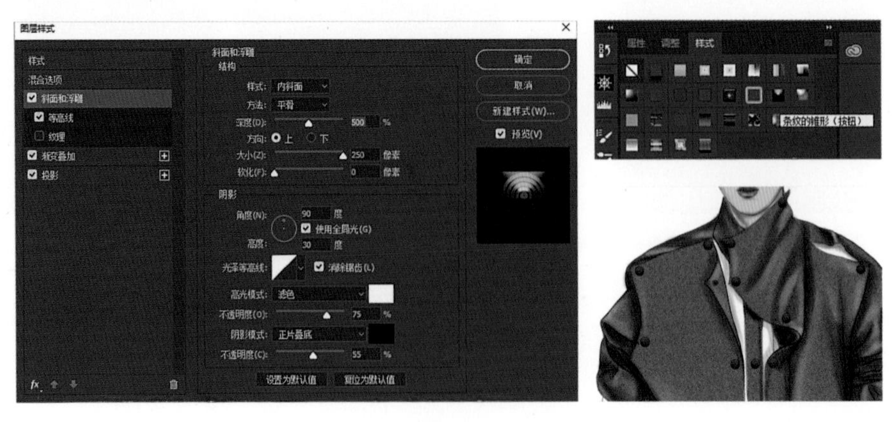

图3-9

（14）关闭背景图层，按组合键Shift+Ctrl+E向下合并可见图层，所有图层拼合在一起。

（15）单击画笔工具，按F5键，弹出“画笔”对话框，设置画笔。设置画笔的不透明度和流量，画出背景。可设置不同的透明度和流量，可画出不同深浅的背景图案。

四、人物头像拼接

由于大部分中职学生没有学习过系统的绘画，绘制服装效果图时人物的头部画得都不具美感。为了更好地表现出服装效果图的美感，可以利用网上的素材，进行人物头像拼接，也可以做出完整的服装效果图。

（1）打开一张合适的素材。手绘稿进行前期处理（图3-10）。

图3-10

（2）使用磁性套索工具，设置羽化值，将素材中的人物头部勾选变成选区。使用移动工具将选区内头部拉到手绘稿上（图3-11）。

图3-11

（3）按组合键Ctrl+T，调整头部的大小，放置在线稿图层下，使之与手绘稿和谐（图3-12）。

（4）调整合适后，选择线稿图层，使用橡皮擦工具擦除多余的手绘头像线稿（图3-13）。

（5）绘制头部与身体连接的皮肤，使之过渡自然。若连接处色彩过渡不自然，可以使用橡皮擦工具，，采用低透明度擦除连接处，使之过渡自然（图3-14）。

图3-12　　图3-13　　图3-14

五、任务拓展

选择现有的素材，进行人物头像的拼接，并绘制成完整的服装效果图。

活动总结

任务 3-2

丝绸面料服装效果图表现

丝绸面料在服装中应用广泛，在我国传统服饰中更是经常出现。本任务款式选择中式盘扣和立领，搭配小花边领体现女性的柔美，通过绘制表现出丝绸服装的低调华美，体现出了中华服饰文化的独特魅力。

一、任务简介

丝绸面料是服装中的常用面料，多用来表现服装的低调华美。本任务就是学会制作丝绸面料，并完成服装效果图的绘制。

二、任务分析

通过使用画笔工具绘制丝绸服装的光泽。

任务重点：画笔工具的运用。

任务难点：丝绸的质感表现。

三、服装效果图绘制步骤

（1）打开线稿，使用钢笔工具或磁性套索工具勾选上衣，填充颜色（图3-15）。

（2）新建上衣阴影图层，前景色设置为深紫色，画笔设置：不透明度和流量根据服装绘制的效果需要不断进行调整（图3-16）。

（3）新建上衣配饰图层，前景色设置为浅紫色，用磁性套索工具勾选上衣花边，填充前景色（图3-17）。

（4）新建配饰阴影图层，调整画笔大小及不透明度、流量，绘制阴影（图3-18）。

（5）新建裙子图层，使用钢笔工具或磁性套索工具勾选裙子（图3-19）。

（6）打开一个花纹素材，将其拉至服装效果图中需要放置图案的部位。按组合键

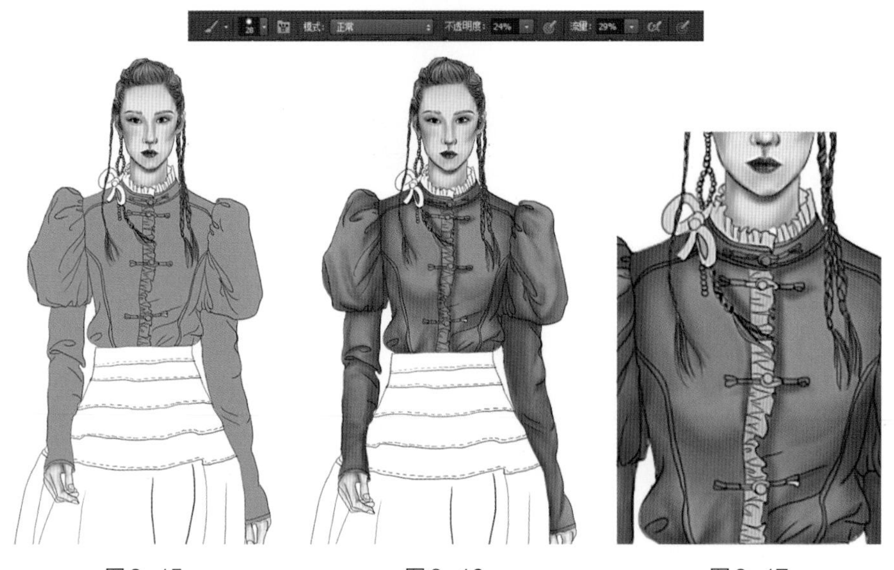

图3-15　　图3-16　　图3-17

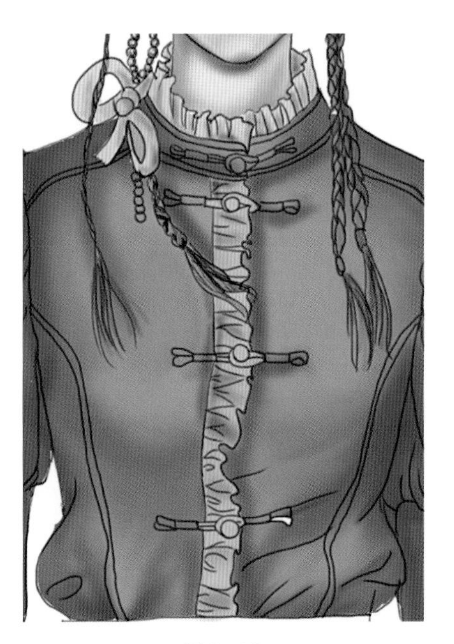
图3-18

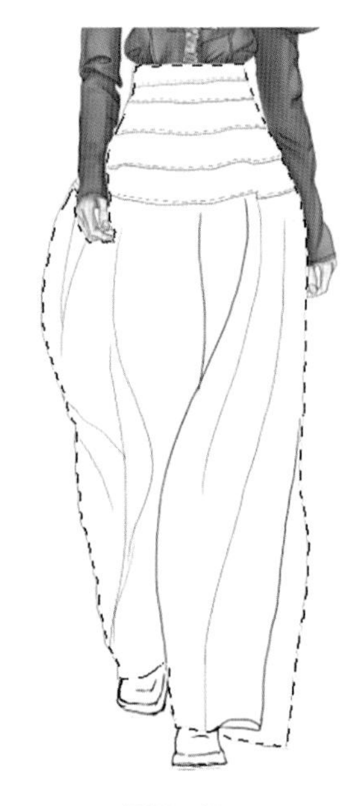
图3-19

Ctrl+T旋转调整位置。在花纹图层执行选择→反向，按Delete键删除多余的部分（图3-20）。

（7）新建裙子阴影图层，正片叠底，调整羽化值，勾选裙子的阴影区域并填充深灰色。用涂抹工具修整边缘，使其过渡自然（图3-21）。

图3-20

图3-21

(8)新建高光图层，用同样的方法绘制裙子和上衣的高光。用涂抹工具修整边缘，使其过渡自然。丝绸服装的光泽柔和自然，因此在高光图层绘制高光的时候，使用涂抹工具调整，如果还是太亮，可以调整图层的填充数据（图3-22）。

(9)完成鞋子及扣子的绘制（图3-23）。

图3-22

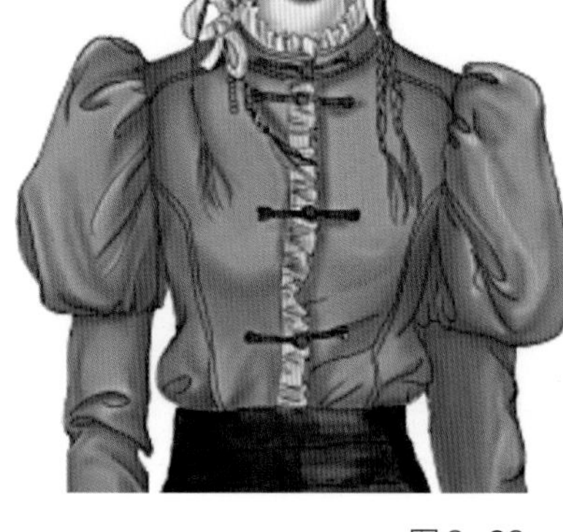

图3-23

活动总结

四、任务评价

<table>
<tr><th colspan="6">任务评价表</th></tr>
<tr><td>姓名</td><td></td><td>评价日期</td><td></td><td>是</td><td>否</td></tr>
<tr><td rowspan="3">学习效果</td><td colspan="3">是否熟练掌握了画笔工具的使用方法？</td><td></td><td></td></tr>
<tr><td colspan="3">是否会用加深、减淡工具调整阴影？</td><td></td><td></td></tr>
<tr><td colspan="3">是否会用加深、减淡工具表现丝绸的明暗？</td><td></td><td></td></tr>
<tr><td rowspan="3">学习态度及过程</td><td colspan="3">你觉得老师的讲解示范是否清楚？</td><td colspan="2">1.</td></tr>
<tr><td colspan="3">你可以通过学习完成操作吗？</td><td colspan="2">2.</td></tr>
<tr><td colspan="3">以后遇到类似的任务你会操作吗？</td><td colspan="2">3.</td></tr>
<tr><td rowspan="3">总体评价</td><td colspan="5">1.</td></tr>
<tr><td colspan="5">2.</td></tr>
<tr><td colspan="5">3.</td></tr>
</table>

任务 3-3

蕾丝面料服装效果图表现

蕾丝面料在女装中应用广泛，能充分展现女性的柔美。本任务是学习蕾丝面料在电脑服装效果图中的应用。

一、任务简介

蕾丝面料是女性服装中的常见面料，能够展现出女性的柔美及性感。运用Photoshop软件中也能展现此类面料。本任务就是学会绘制蕾丝面料，并完成服装效果图的绘制。

二、任务分析

通过素材运用魔棒工具调整蕾丝面料，通过使用编辑粘入将蕾丝面料运用到服装中。

任务重点：魔棒工具的使用。

任务难点：编辑粘入工具的运用。

三、服装效果图绘制步骤

1. 蕾丝面料调整

（1）打开蕾丝素材文件（图3-24）。

（2）使用魔棒工具选中空白处，再单击右键在弹出的对话框中选中“选取相似”，这时会选中蕾丝的所有空白的位置，按Delete键，删除白色底层，这时蕾丝的白底删除，变成透底蕾丝（图3-25）。

图3-24

图3-25

2. 蕾丝面料服装效果图绘制

（1）新建A4文件，分辨率可以设置为150～300。打开蕾丝服装线稿，将线稿用移动工具拉至新建的A4文件中，按组合键Ctrl+T调整线稿的大小。

（2）新建一个图层，命名为皮肤。使用钢笔工具或磁性套索工具沿露出的皮肤勾线。

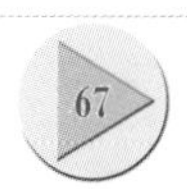

变成选区后填充肤色，做出光影效果。

（3）完成皮肤、妆容的绘制。由于蕾丝面料透肤，因此要画出上身、手臂的肤色。操作步骤详见任务1-2、任务1-3。

（4）新建内衣图层，给内衣填充黑色。使用磁性套索工具在线稿图层选取纽扣，新建一个纽扣图层，复制、粘贴纽扣（图3-26）。

图3-26

（5）在蕾丝素材文件中使用矩形框选工具框选蕾丝素材，执行编辑→拷贝，将蕾丝素材面料拷贝下来。使用磁性套索工具选中上衣，执行编辑→选择性粘贴→粘贴，按组合键Ctrl+T选中蕾丝，调整大小至上衣合适范围。同样的方式完成袖子蕾丝的制作（图3-27）。

（6）新建领子、裙子图层，用磁性套索工具选中领子，填充灰黑色。此处填充的灰黑色不要太黑，后期还要做阴影，全黑填充无法表现阴影。同样选中裙子，填充灰黑色（图3-28）。

（a）

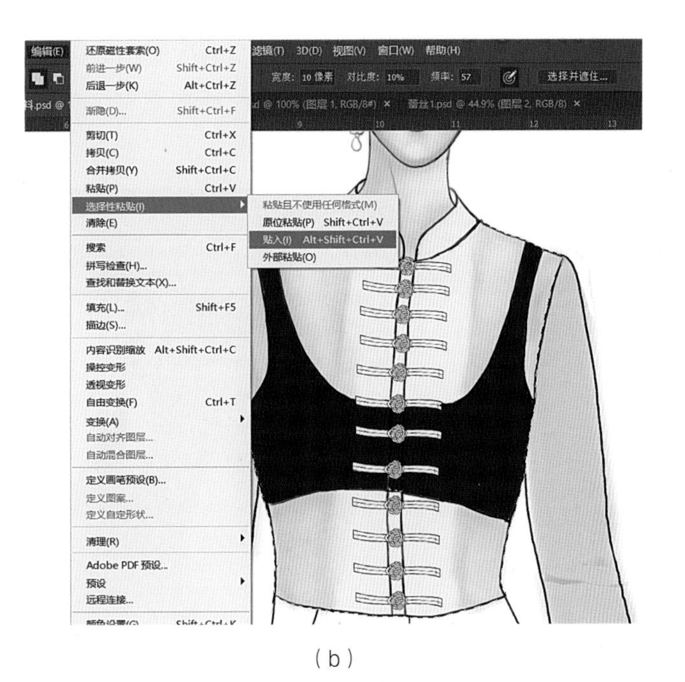

（b）

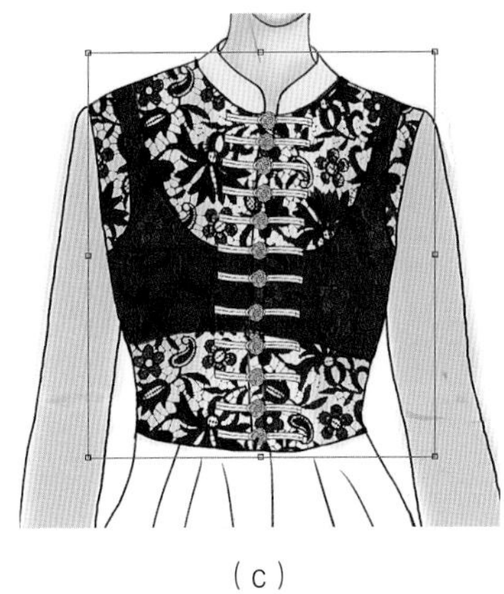

（c）

（d）

（e）

图3-27

图3-28

（7）使用多边形套索工具，羽化值设定在15PIX，羽化值不固定，可以多试几次，找到最合适的数值。新建领子、裙子阴影图层，然后用多边形套索工具画出裙子的阴影，填充深灰色（图3-29）。

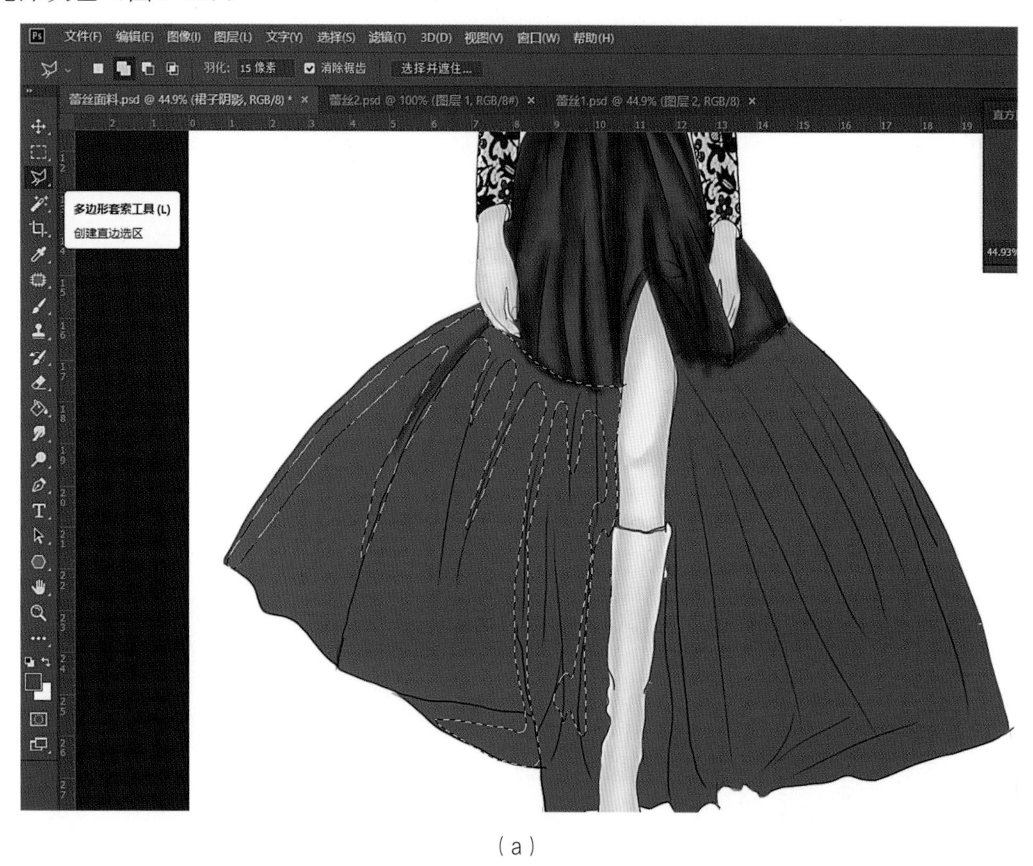

（a）

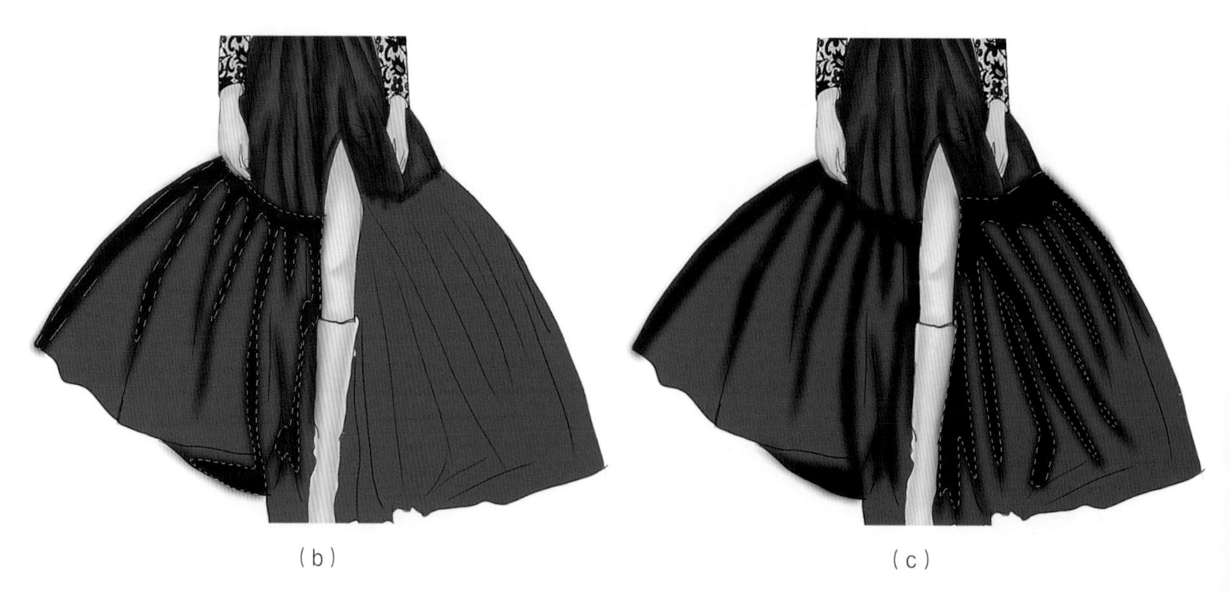

（b）　　（c）

图3-29

（8）使用涂抹工具，在阴影上进行涂抹，调整阴影的效果，让原本生硬的阴影看起来柔和些（图3-30）。

图3-30

（9）使用多边形套索工具，羽化值设为0，勾勒出上衣下摆。可将领子、裙子图层和领子、裙子阴影图层前的眼睛关闭，这样就不会看到颜色阴影，方便绘图。打开蕾丝素材文件，使用矩形框选工具框选蕾丝面料，执行编辑→拷贝。在蕾丝服装文件中，执行编辑→选择性粘贴→粘贴，按组合键Ctrl+T选中蕾丝，调整大小至合适范围（图3-31）。

图3-31

（10）执行图层→图层样式→混合选项，在弹出的图层样式对话框中，单击斜面与浮雕，调整相应的数据。依次单击内阴影、光泽、投影，在对话框中调整相应数据。完成以上操作后，上衣下摆的立体效果就完成了（图3-32）。

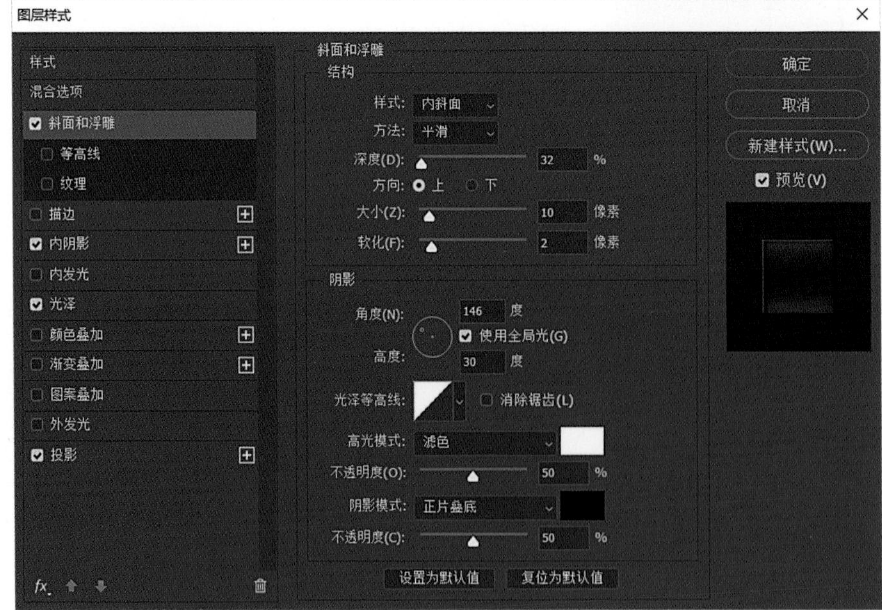

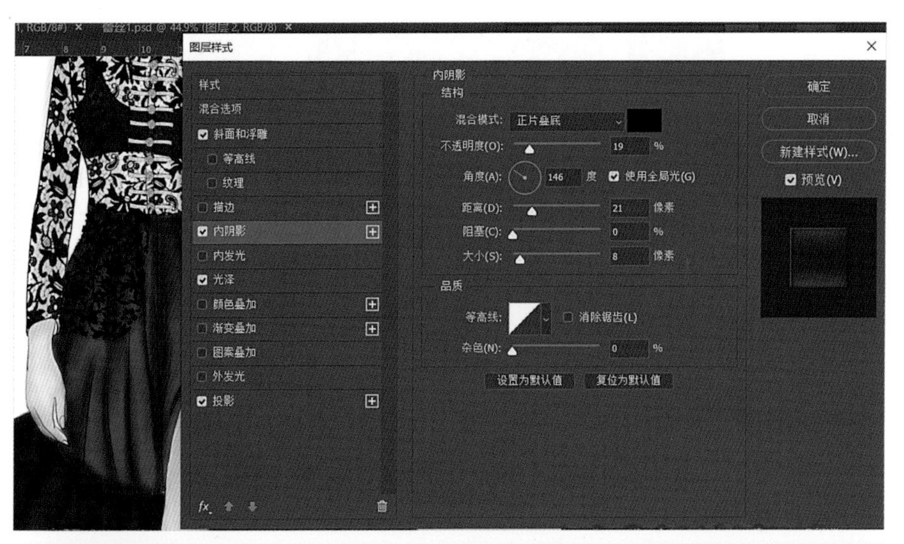
图层样式
样式
混合选项
斜面和浮雕
等高线
纹理
描边
内阴影
内发光
光泽
颜色叠加
渐变叠加
图案叠加
外发光
投影
内阴影
结构
混合模式: 正片叠底
不透明度(O): 19 %
角度(A): 146 度 使用全局光(G)
距离(D): 21 像素
阻塞(C): 0 %
大小(S): 8 像素
品质
等高线: 消除锯齿(L)
杂色(N): 0 %
设置为默认值 复位为默认值
确定
取消
新建样式(W)...
预览(V)

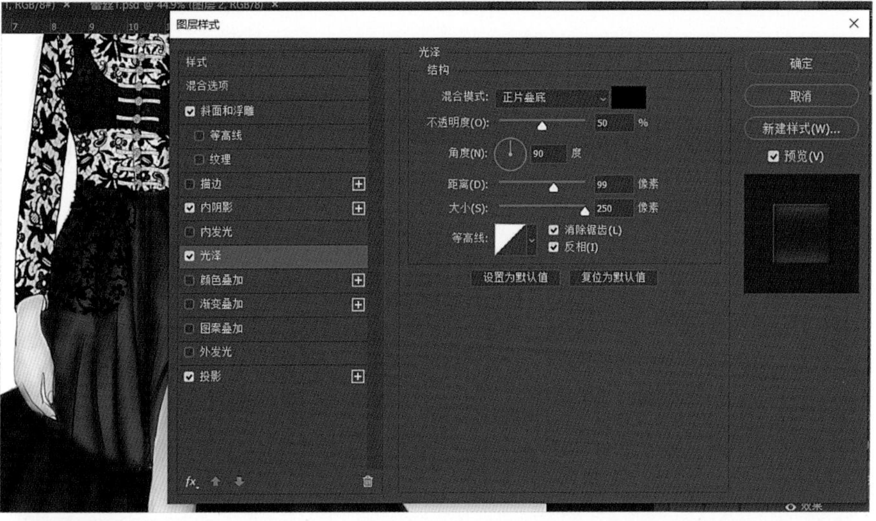
图层样式
样式
混合选项
斜面和浮雕
等高线
纹理
描边
内阴影
内发光
光泽
颜色叠加
渐变叠加
图案叠加
外发光
投影
光泽
结构
混合模式: 正片叠底
不透明度(O): 50 %
角度(N): 90 度
距离(D): 99 像素
大小(S): 250 像素
等高线: 消除锯齿(L)
反相(I)
设置为默认值 复位为默认值
确定
取消
新建样式(W)...
预览(V)

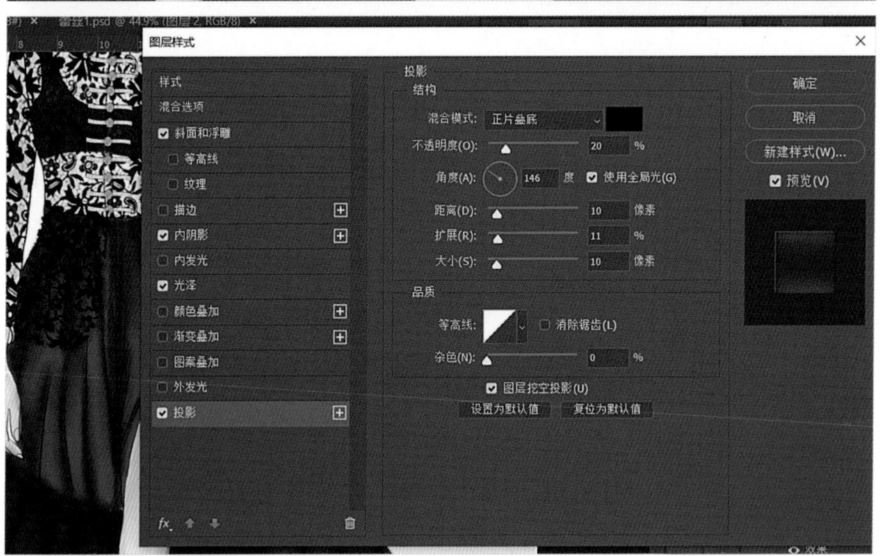
图层样式
样式
混合选项
斜面和浮雕
等高线
纹理
描边
内阴影
内发光
光泽
颜色叠加
渐变叠加
图案叠加
外发光
投影
投影
结构
混合模式: 正片叠底
不透明度(O): 20 %
角度(A): 146 度 使用全局光(G)
距离(D): 10 像素
扩展(R): 11 %
大小(S): 10 像素
品质
等高线: 消除锯齿(L)
杂色(N): 0 %
图层挖空投影(U)
设置为默认值 复位为默认值
确定
取消
新建样式(W)...
预览(V)

图 3-32

图3-32

（11）新打开一个蕾丝文件，使用魔棒选择空白底，单击鼠标右键，在弹出的对话框中选中“选取相似”，按Delete键，删除蕾丝的白底，用矩形选框工具框选蕾丝，执行编辑→拷贝。在蕾丝服装文件中用磁性套索工具选择鞋子，执行编辑→选择性粘贴→粘贴，按组合键Ctrl+T选中蕾丝，调整大小至合适范围（图3-33）。

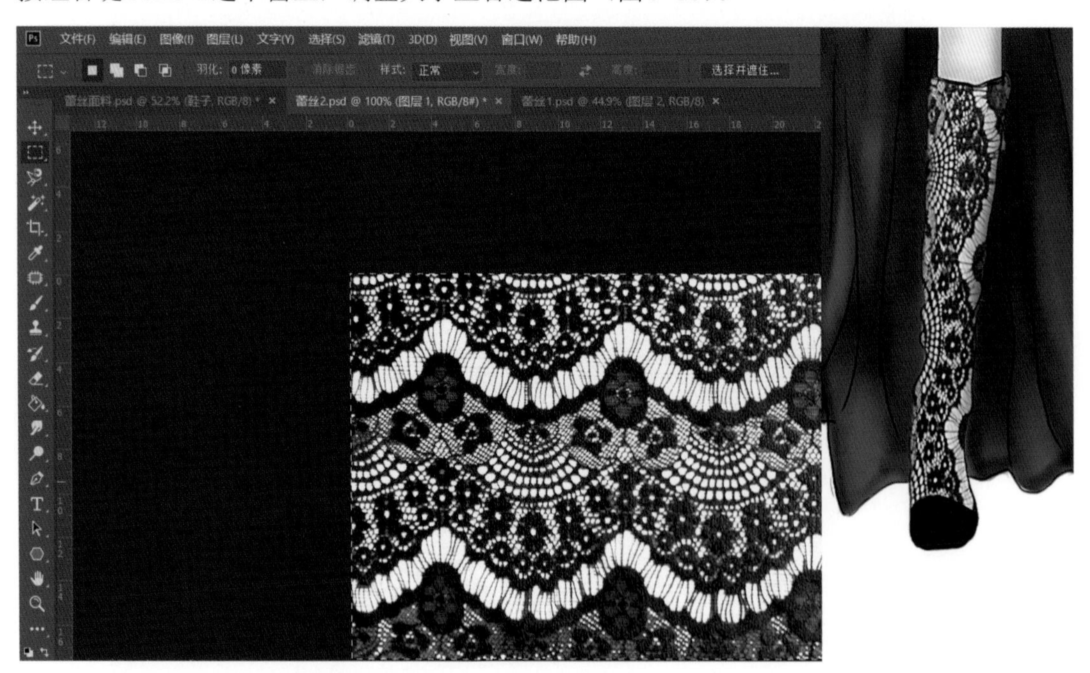

图3-33

（12）在纽扣图层中，按组合键Ctrl+M调整曲线，这时纽扣线稿会加深（图3-34）。

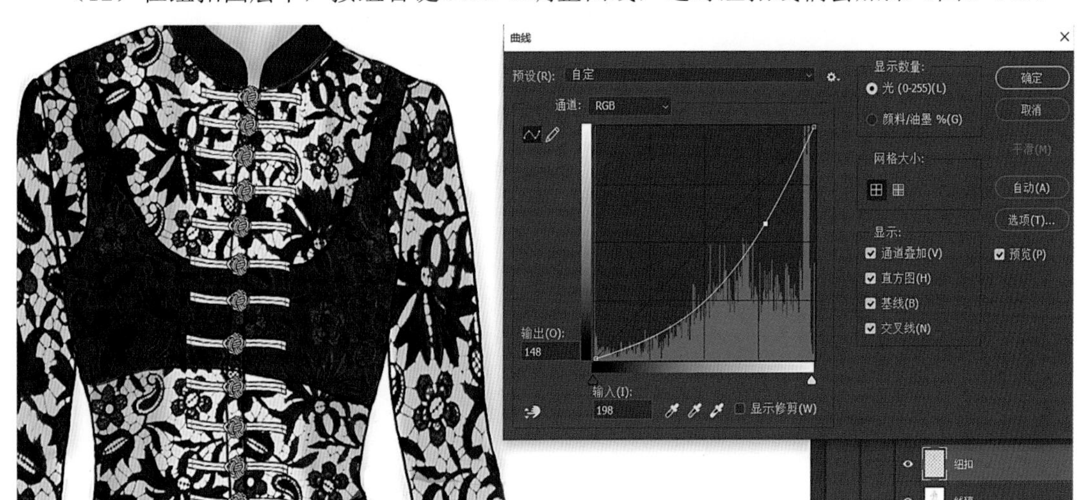

图3-34

（13）新建纽扣光影图层，给纽扣画上阴影和高光，将纽扣的效果表现出来（图3-35）。

图3-35

（14）新建领子、裙子高光图层，用白色画笔画出裙子的高光，用涂抹工具调整出高光的效果（图3-36）。

（15）新建上衣阴影图层，图层类型为正片叠底，在上衣中画出阴影效果。同样，新建上衣高光，画出上衣的高光部分（图3-37）。同样，画出鞋子的阴影与高光。完成蕾丝裙的绘制（图3-38）。

图3-36

图3-37

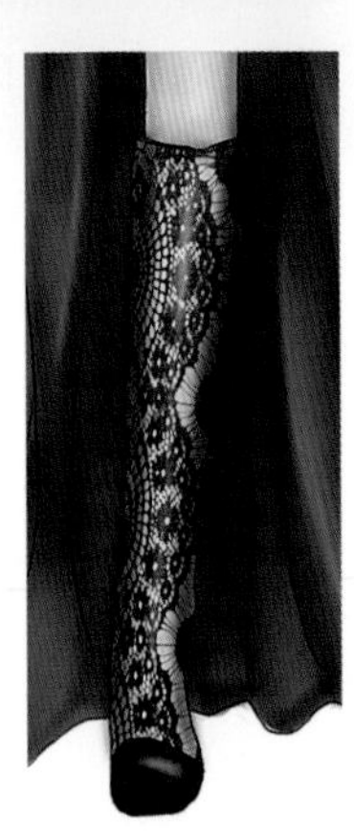

图3-38

四、相关知识

蕾丝花边的绘制：

（1）在Photoshop里导入蕾丝图片，把背景层变为普通图层（图3-39）。执行色阶→曲线等操作，增强图片的对比度（图3-40）。

图3-39

图3-40

（2）在通道面板中，按住Ctrl键的同时，选中红、绿、蓝任意一个通道，执行选择→反向，则选中了除蕾丝外的区域，执行删除操作，画布上只留下蕾丝区域；然后再次执行“反向”，蕾丝区域被选中，然后为选区填充黑色（图3-41）。

（3）使用“裁切”工具对其进行裁切，裁切为独立的单独纹样（图3-42）。

图3-41

图3-42

（4）执行编辑→定义画笔预设，将画笔名称定为“蕾丝”（图3-43）。

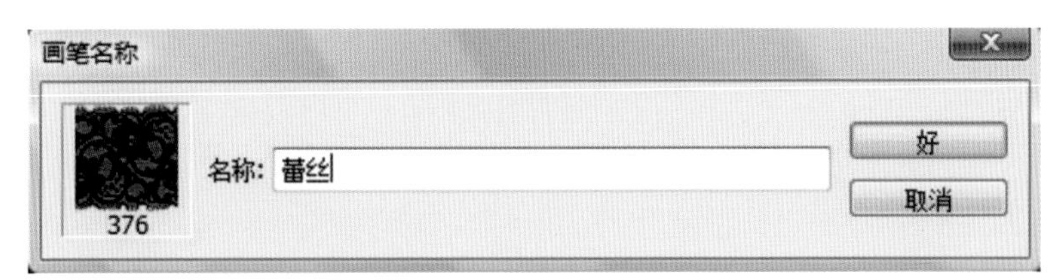

图3-43

（5）选中工具箱“画笔”工具，在参数栏右侧，打开“画笔调板”，在“画笔预设”里选中刚才所定义的“蕾丝”画笔；在“画笔笔尖形状”里把“间距”调大；在“动态形状”选项中，将“角度抖动”下的“控制”选项设置为“方向”（图3-44）。

（6）使用“钢笔”工具勾勒任意路径，然后执行“描边路径”操作，就可以画出连贯的蕾丝花边（图3-45）。

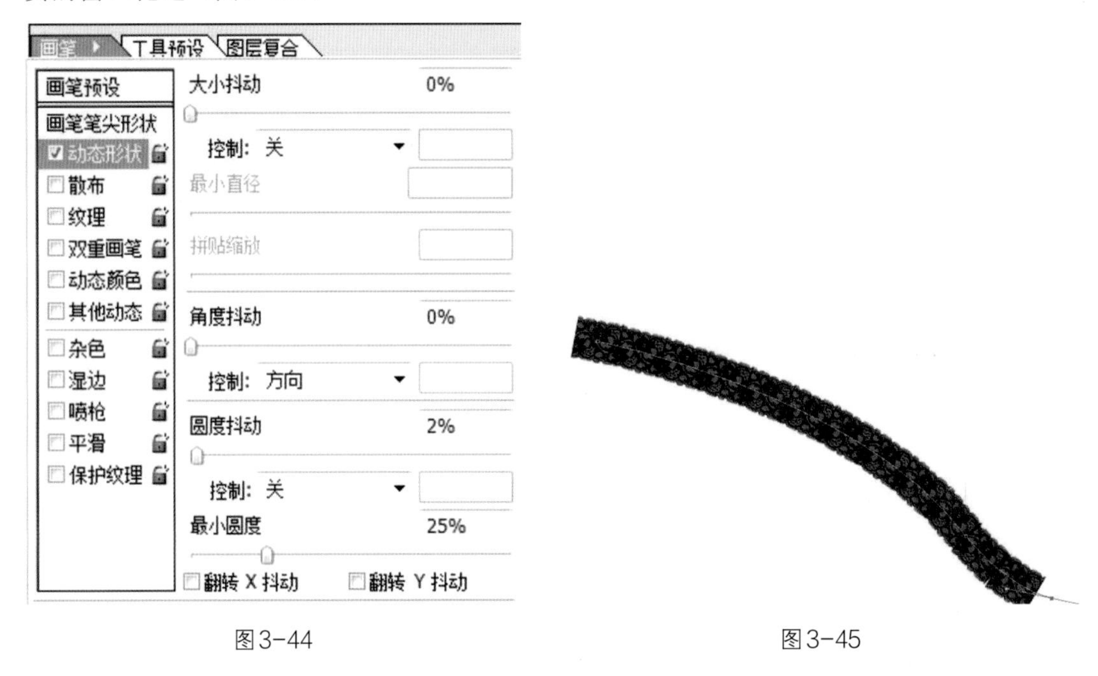

图3-44　　图3-45

五、任务拓展

在网络上选择现有的蕾丝素材，进行绘制蕾丝面料服装效果图，绘制一幅完整的服装效果图。要求色彩搭配合理，绘画生动准确。

活动总结

六、任务评价

<table>
<tr><th colspan="6">任务评价表</th></tr>
<tr><td>姓名</td><td></td><td>评价日期</td><td></td><td>是</td><td>否</td></tr>
<tr><td rowspan="3">学习效果</td><td colspan="3">是否准确掌握了魔棒工具制作蕾丝面料的方法？</td><td></td><td></td></tr>
<tr><td colspan="3">是否会用单击“编辑→选择性粘贴→粘入”调整蕾丝大小？</td><td></td><td></td></tr>
<tr><td colspan="3">是否能够用多边形套索工具绘制阴影？</td><td></td><td></td></tr>
<tr><td rowspan="3">学习态度及过程</td><td colspan="3">你觉得老师的讲解示范是否清楚？</td><td colspan="2">1.</td></tr>
<tr><td colspan="3">你可以通过学习完成操作吗？</td><td colspan="2">2.</td></tr>
<tr><td colspan="3">以后遇到类似的任务你会操作吗？</td><td colspan="2">3.</td></tr>
<tr><td rowspan="3">总体评价</td><td colspan="5">1.</td></tr>
<tr><td colspan="5">2.</td></tr>
<tr><td colspan="5">3.</td></tr>
</table>

任务 3-4

牛仔与呢子面料服装效果图表现

牛仔和呢子面料是女装中应用广泛的面料。本任务是学习这两种面料在电脑服装效果图中的运用。

一、任务简介

牛仔面料与呢子面料的碰撞是女士秋冬服装中的常见面料，这些面料能够表现出服装的质感。运用Photoshop 软件也能表现这些面料。本任务就是学会绘制牛仔面料与呢子面料，并完成服装效果图绘制。

二、任务分析

通过使用滤镜工具绘制呢子面料及牛仔面料，并使用加深简单表现面料的光影效果，完成整体着装效果。

任务重点：牛仔面料的绘制。

任务难点：呢子面料的表现。

三、服装效果图绘制步骤

（1）打开一张手绘稿。新建一个文件，A4大小，分辨率可以设置为150～300。

（2）线稿、皮肤、妆容、头发在前文中已有详细介绍，这里就不作过多介绍。

（3）新建图层，命名为呢子面料。用钢笔工具或磁性套索工具勾线，变成选区。填充前景色。

（4）新建图层，命名为上衣阴影，使用画笔工具绘制出上衣部分的阴影层次，设置图层混合模式为正片叠底模式（图3-46）。

（5）新建图层，命名为上衣光影，使用画笔工具绘制出上衣部分光影层次，设置图层混合模式为正片滤色模式（图3-47）。

图3-46

图3-47

（6）在呢子面料图层执行滤镜→添加杂色，再次执行滤镜→纹理→纹理化（图3-48）。这时可得到有纹理的大衣（图3-49）。

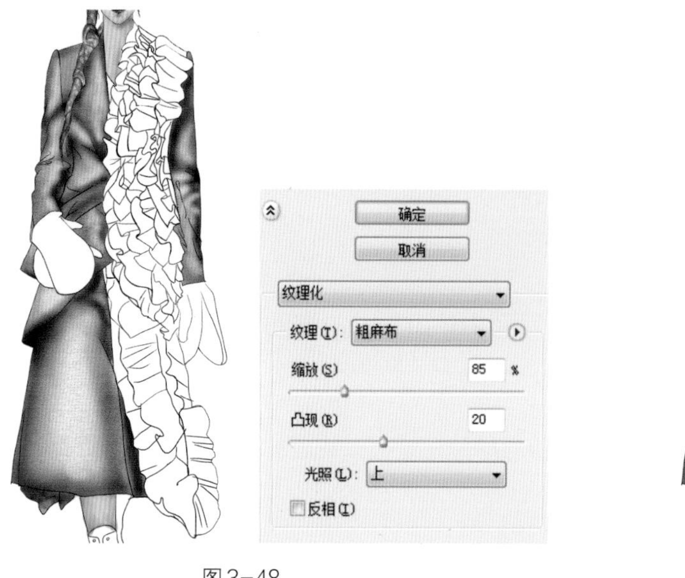

图3-48

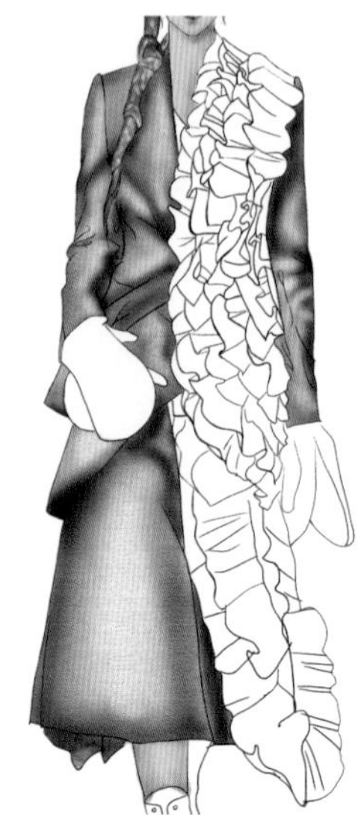

图3-49

（7）新建图层，命名为牛仔花边，使用钢笔工具勾线变成选区。

（8）打开面料素材，找到所需的牛仔面料用Photoshop软件打开，选择需要的区域用移动工具拉入所需面料文档（图3-50）。

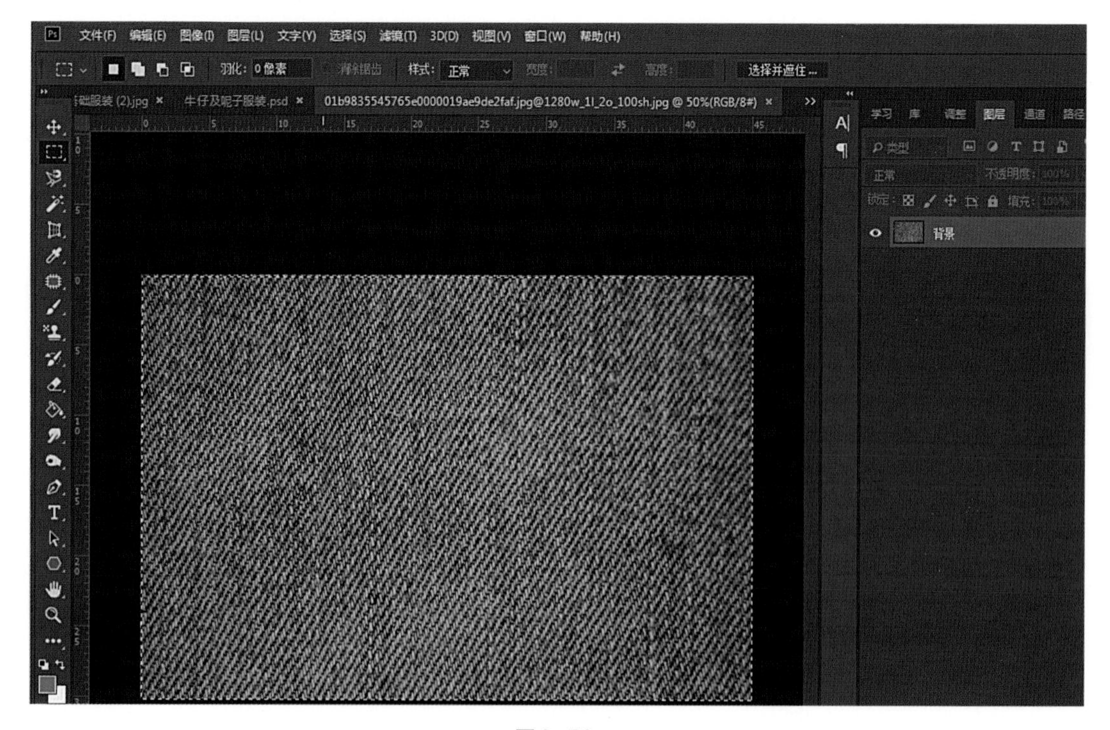

图3-50

（9）如对色彩不满意，可使用组合键Ctrl+U，在弹出的“色相/饱和度”对话框中进行调整（图3-51）。

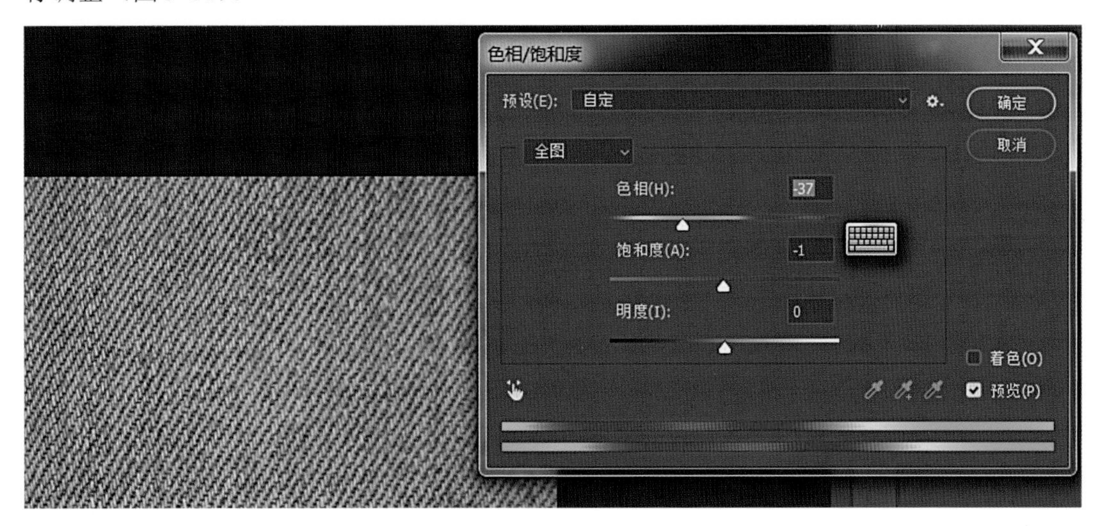

图3-51

（10）把牛仔面料放入第（7）步牛仔花边的选区里，图层样式选择整片叠底（图3-52）。

图3-52

（11）在图案图层，执行选择→反向。单击Delete键，删除多余的牛仔面料（图3-53）。

（12）使用加深、减淡工具做出牛仔花边的光影效果（图3-54）。

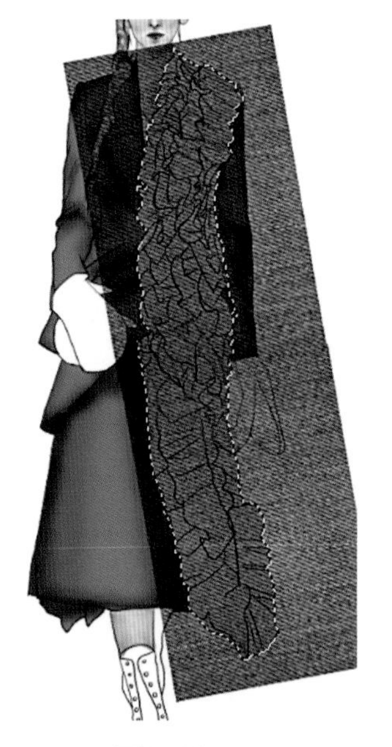

图3-53

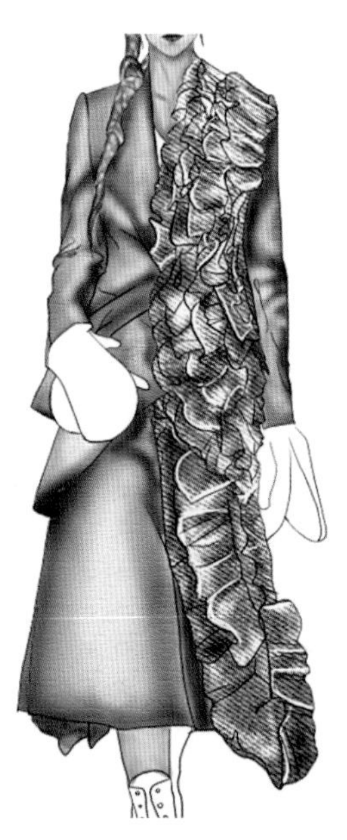

图3-54

（13）新建鞋子和手套图层，勾选并填充颜色，做出光影效果。完成整体效果图的绘制（图3-55）。

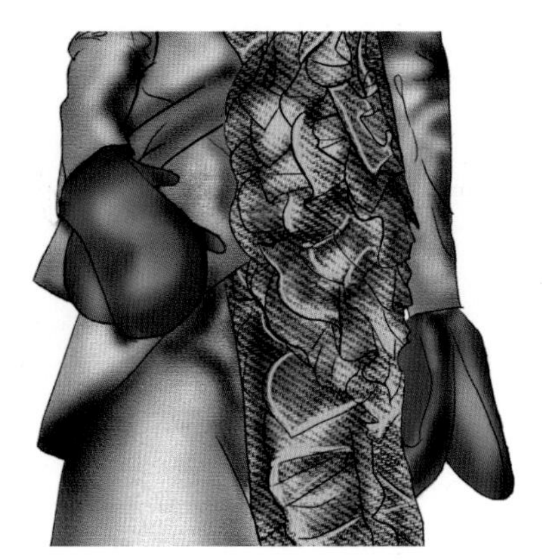

图3-55

四、任务拓展

选择现有的素材，绘制牛仔与呢子面料，完成一幅完整的服装效果图。

活动总结

五、任务评价

任务评价表					
姓名		评价日期		是	否
学习效果	是否准确掌握了呢子面料的制作方法？				
	是否会用滤镜做出不同的纹理？				
	是否能够绘制出牛仔的质感？				
学习态度及过程	你觉得老师的讲解示范是否清楚？			1.	
	你可以通过学习完成操作吗？			2.	
	以后遇到类似的任务你会操作吗？			3.	
总体评价	1.				
	2.				
	3.				

任务 3-5

闪光面料服装效果图表现

闪光面料在礼服中经常被使用，在电脑绘图中可以使用自定义画笔和喷枪工具来表现。学会使用这些工具后，你就可以绘制出看起来亮闪闪的美丽礼服，同时你的审美和设计水平也得到了提高。

一、任务简介

闪光面料是礼服中常见的一种面料，制作闪光面料的礼服是本任务的学习内容。本任务需要用电脑表现出闪光面料华丽、明亮的特点，另外学习如何进行礼服效果图背景的设计。

二、任务分析

为了表现出闪光的感觉，需要学会应用自定义画笔工具，用多种自定义画笔和喷枪做出闪光亮片的层次感，让礼服效果更加丰满、灵动。

三、服装效果图绘制步骤

（1）打开一张礼服线稿（图3-56）。

（2）线稿处理及肤色妆容绘制的方法略过（图3-57）。

图3-56　　图3-57

（3）勾选胸衣，填充所需图案纹样（图3-58）。

（4）在上方新建图层，使用钢笔工具勾选裙子填充底色（图3-59）。

图3-58　　图3-59

（5）用加深、减淡工具画出礼服裙体的暗面和亮面（图3-60）。

（6）在工具栏中点击画笔工具，添加自定义的亮片笔刷（图3-61）。

图3-60　　图3-61

（7）在上方新建图层，使用钢笔工具勾选出绘制亮片的区域，按住组合键Ctrl+Enter使之变化为选区，使用自定义画笔在选区中绘制出深色亮片纹样，再次新建图层，在区域内叠加和浅色亮片纹样，调节浅色亮片的不透明度（图3-62）。

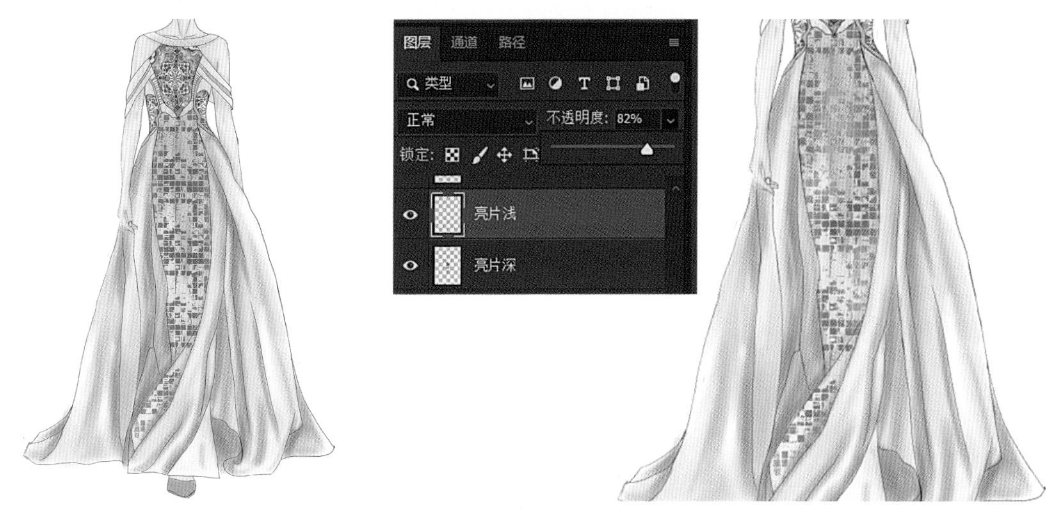

图3-62

（8）在上方新建图层，点击画笔工具，在上方属性栏中，找到喷枪工具。使用喷枪工具用不同大小的星形白色喷枪在裙子和鞋上喷涂闪光作为点缀（图3-63）。注意调节喷枪效果的大小。深浅颜色的叠加可以增加闪光的层次感。

图3-63

(9)在下方新建一个图层，根据礼服的整体色调利用画笔工具进行简单背景的绘制，完成闪光面料服装效果图的整体表现（图3-64）。

图3-64

四、任务拓展

完成一款闪光面料礼服的设计。

项目四

特殊服装效果图表现

任务 4-1

羽饰品及珠链绘制

在日常生活中，珍珠及羽毛装饰的服装饰品较为常见，这两个元素在服装设计中占据重要地位。本任务是学习如何绘制珍珠及羽毛，为后期设计制作更复杂的装饰物打下基础。

一、任务简介

羽毛和珍珠是女性服装中常见的装饰品，这些饰品能够表现出服装的性感华贵。运用Photoshop软件也能表现这些饰品。本任务就是学会制作羽毛和珍珠。

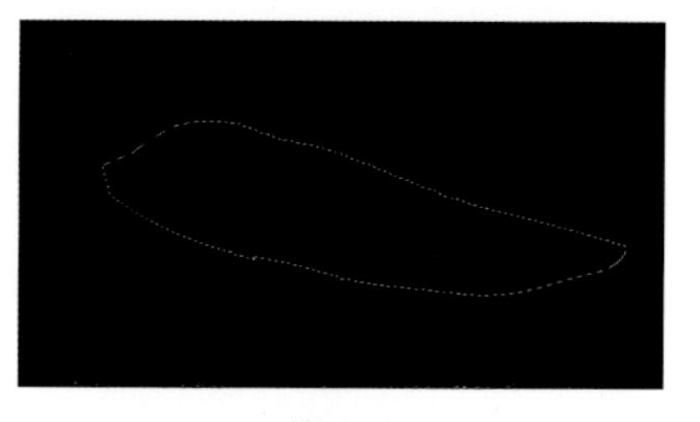

图4-1

二、任务分析

通过使用钢笔工具和涂抹工具绘制羽毛，定义画笔预设绘制珍珠。

任务重点：羽毛的绘制。

任务难点：珍珠的质感表现。

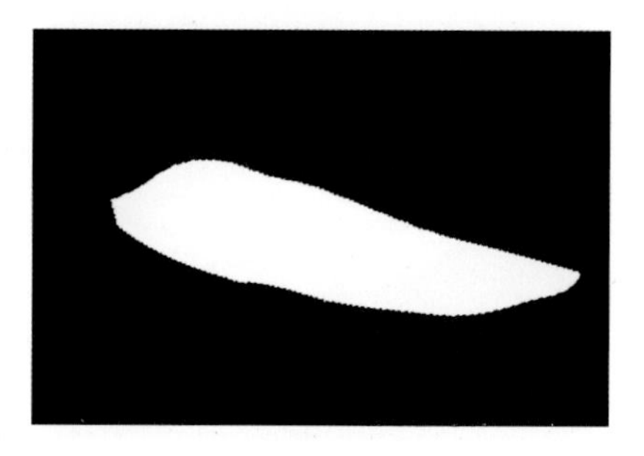

图4-2

三、羽毛绘制步骤

（1）新建一个800×600像素的文件，背景填充黑色。然后新建一层。用钢笔画出羽毛的大概图形，按组合键Ctrl+Enter使之变成选区（图4-1）。

（2）在选区内填充白色（图4-2）。

（3）再新建一层，还是用钢笔工具，画出羽毛梗，并且填充成50%灰色（图4-3）。

（4）然后分别用钢笔工具画出4个如图4-3所示的形状，然后按组合键Ctrl+Enter使之变成选区，在羽毛的层上按Delete键删除，做出羽毛缺陷效果（图4-4）。

（5）使用涂抹工具，调整好涂抹的大小，涂抹羽毛边缘。这里要细心、耐心，按照羽毛的走向来涂，不仅可以从里向外涂，也可以从外向里图，制造羽毛缺陷效果（图4-5）。

（6）用画笔工具很随意地在羽毛根部涂上白色（图4-6）。

（7）涂成绒球状（图4-7）。

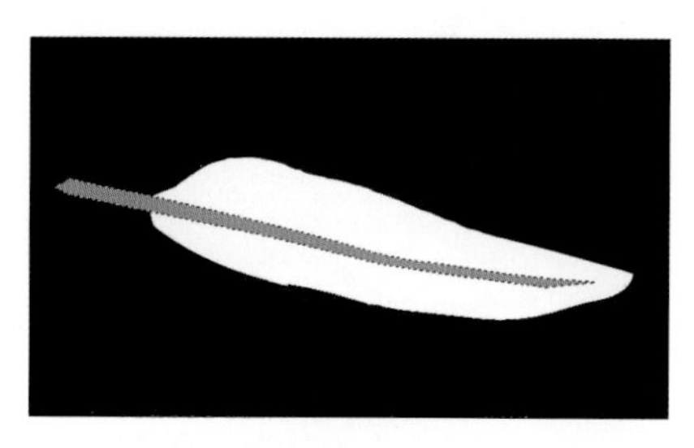

图4-3

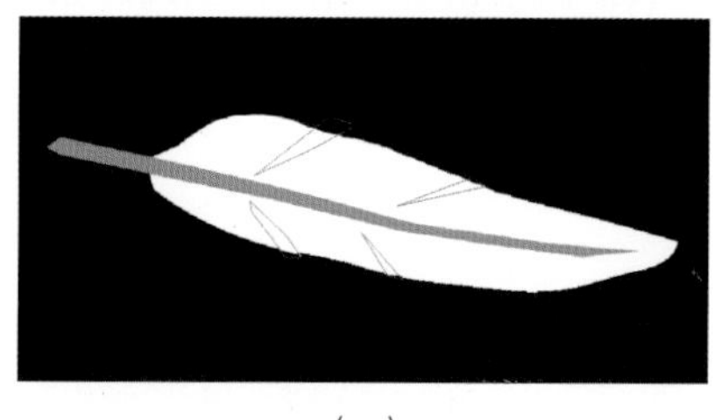

（a）

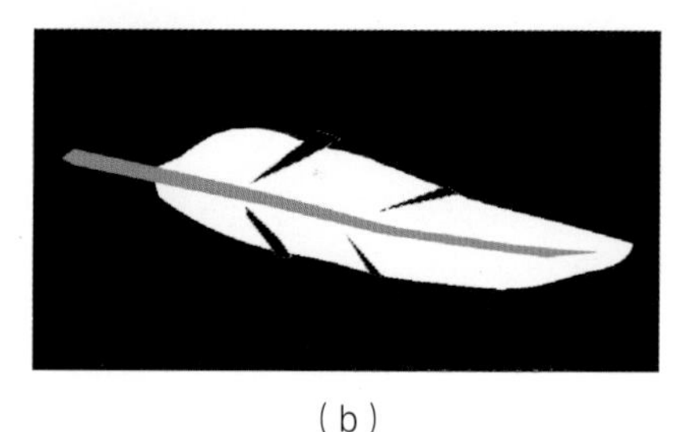

（b）

图4-4

（8）调整涂抹压力到80，抹出绒毛来，要涂得干净利落、圆滑（图4-8）。

（9）用加深、减淡工具涂出阴影来，体现立体（图4-9）。

（10）由于羽毛是白色，而羽毛梗带点米黄，所以应对此图层调整“色相/饱和度”。按组合键Ctrl+U。勾选着色。设置如图4-10所示。

（11）在羽毛根部还是用上面的方法涂羽毛，盖过一点羽毛梗（图4-11）。

（12）大致调整下颜色，加上渐变背景（图4-12）。

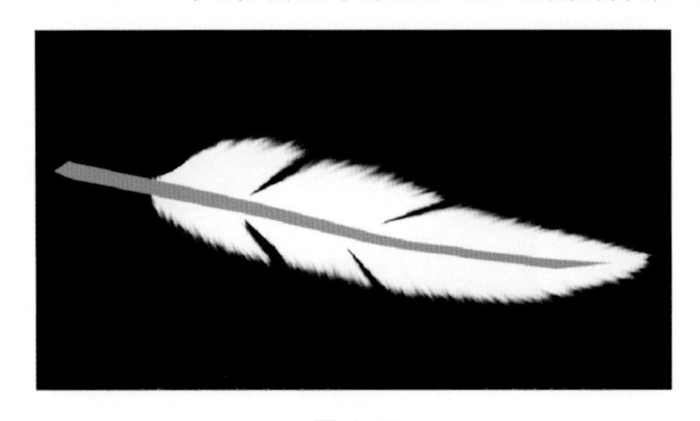

图4-5

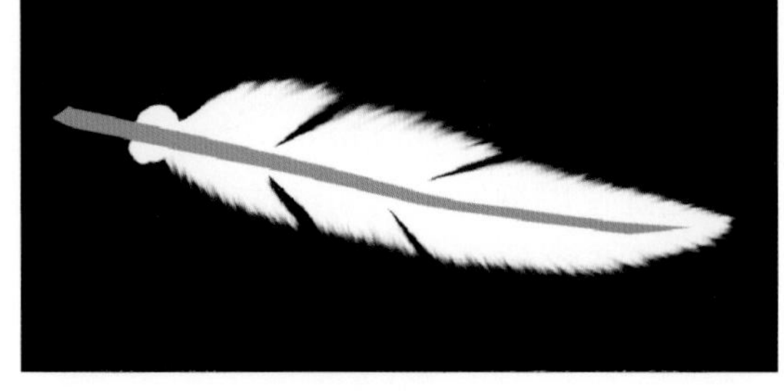

图4-6

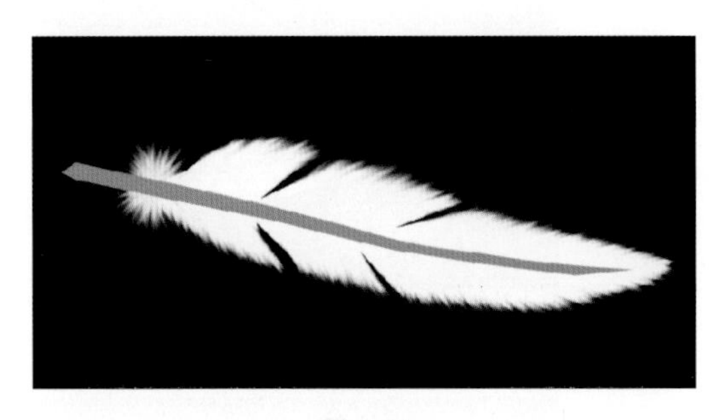

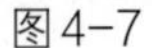

图4-7

图4-8

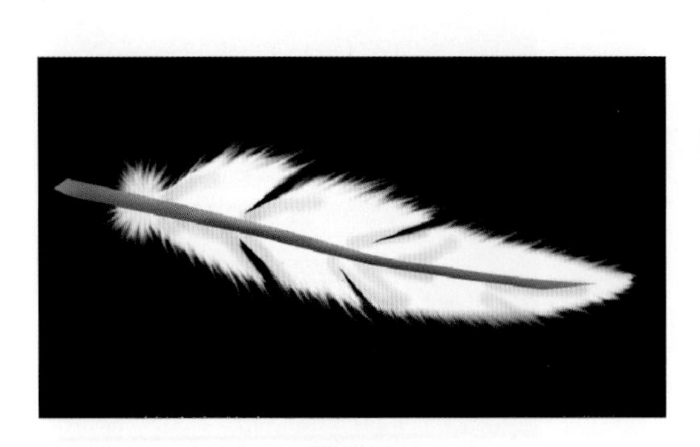

图4-9

图4-10

图4-11

图4-12

四、珍珠项链绘制步骤

（1）在Photoshop里打开准备好的珍珠素材，用“椭圆形选框”工具选中珍珠的轮廓，执行图像→调整→反向，并把背景层改为普通图层（图4-13）。

（2）执行选择→反向→Delete→编辑→定义画笔预设（图4-14）。

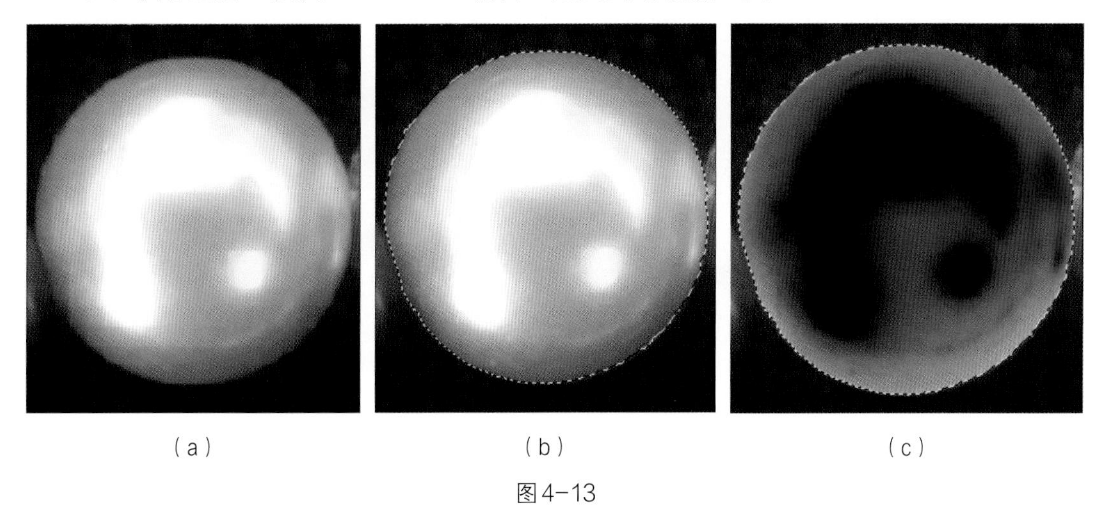

（a）　（b）　（c）

图4-13

图4-14

（3）选中“画笔”工具，打开参数栏右侧“画笔调板”，进行如下设置：在“画笔预设”里选中刚才所定义的“珍珠”画笔；在“画笔笔尖形状”里把“间距”调大，参考值是“96%”；在“形状动态”选项中，将“角度抖动”下的“控制”选项设置为“关”（图4-15）。

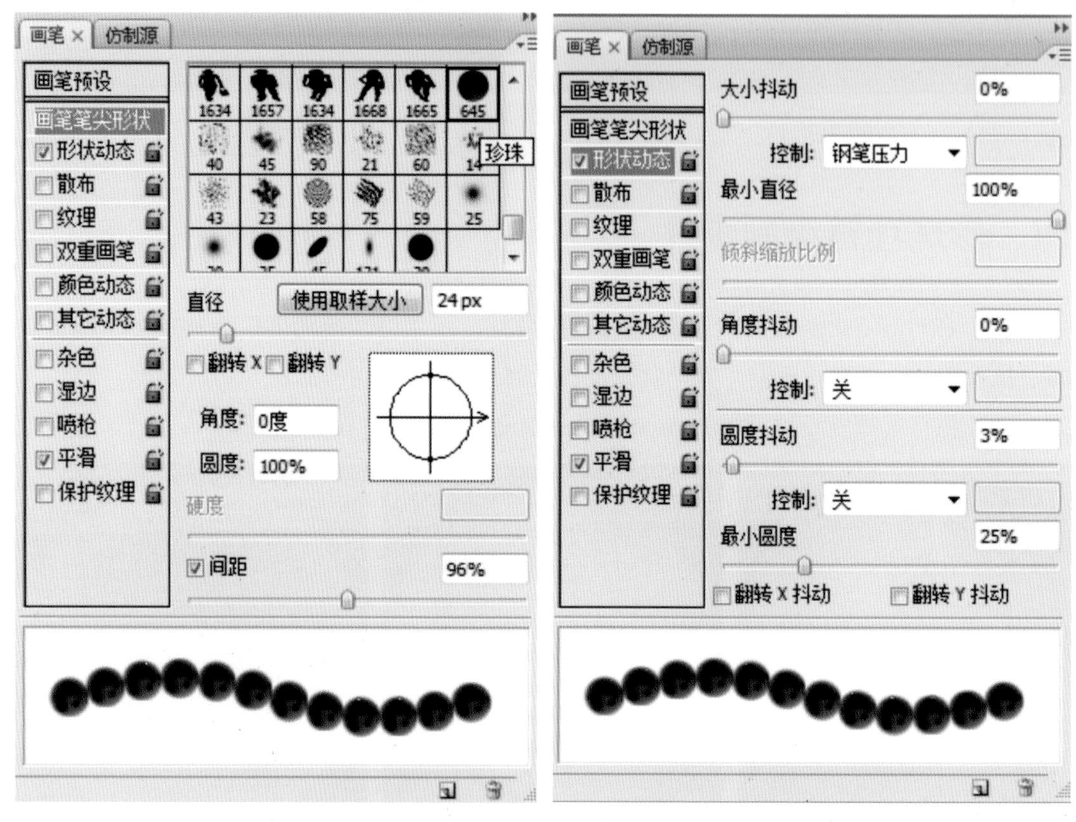

图4-15

（4）设置前景色为浅紫色，设置好“画笔”工具的主直径，用“钢笔”工具勾勒任意曲线路径，执行“描边路径”，设置“图层样式”为“投影”和“内发光”，则描绘出逼真的珍珠项链效果（图4-16）。

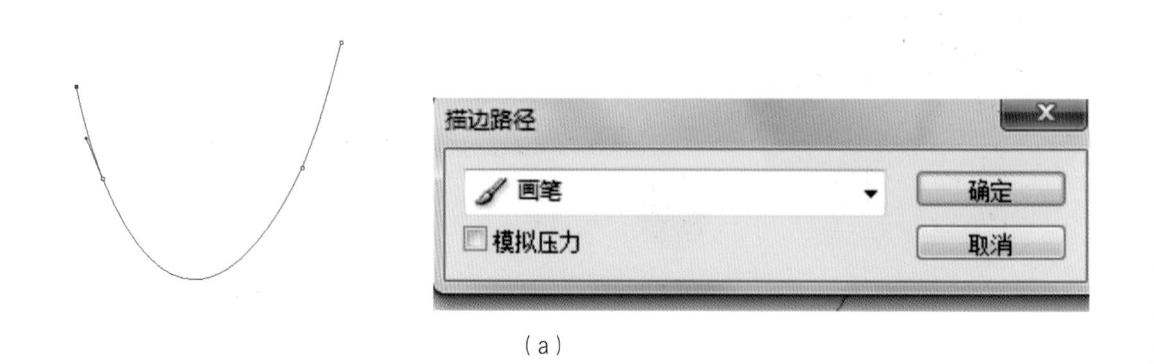

（a）

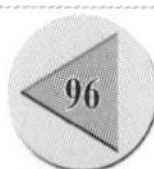

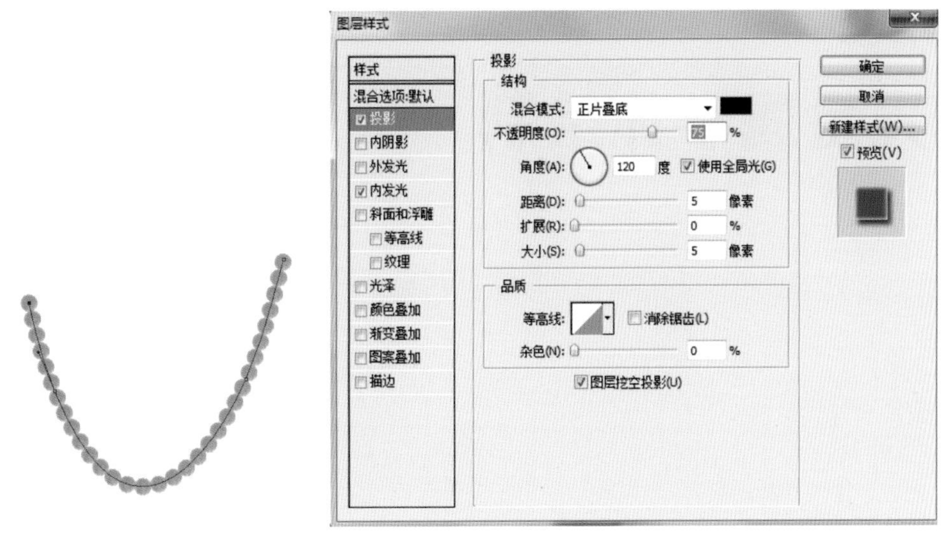

（b）

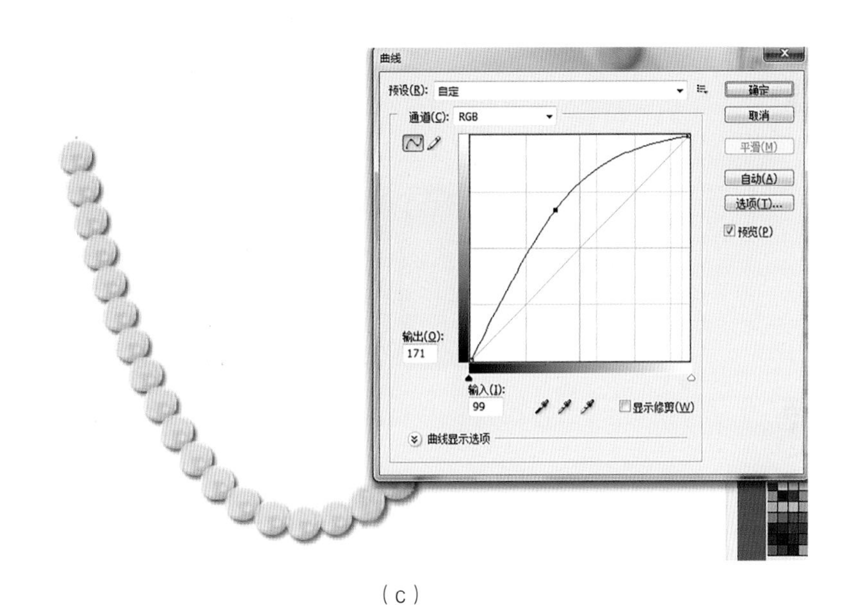

（c）

图4-16

（5）填充黑色背景，完成绘图（图4-17）。

图4-17

五、任务拓展

设计一款项链，将羽毛及珍珠运用到项链上。

任务 4-2

闪光金属字体绘制

在配饰设计中，闪光的金属字体、纽扣、项链等都较为常见，通过本章的学习，希望你能够掌握技巧，并做到举一反三，熟练地运用于今后的设计中，为自己的作品增光添彩。

一、任务简介

闪光金属字体是服装中常见的配饰。配饰作为服装中的一部分，是整个服装效果图不可或缺的部分，运用Photoshop 表现这些配饰也是必须学习的。本任务就是学会制作闪光金属字体，并将方法运用到其他配饰中。

二、任务分析

任务重点：波浪扭曲滤镜的应用。

任务难点：文字黄金的色泽表现。

三、闪光金属字绘制步骤

（1）新建一个660×200像素的文档，背景为白色。用一种较粗的字体（如Impact，字体大小为140Pt）写上文本，如果不太理想，可以用自由变形工具缩放，用移动工具移到文档正中（图4-18）。

图4-18

（2）栅格化图层，载入选区（图4-19）。

图4-19

（3）执行滤镜→素描→网状（图4-20）。

图4-20

（4）选择玻璃扭曲滤镜，扭曲度为20，平滑度为1，纹理为小镜头，缩放为55%，取消选择。按组合键Ctrl+M，调整亮度（图4-21）。

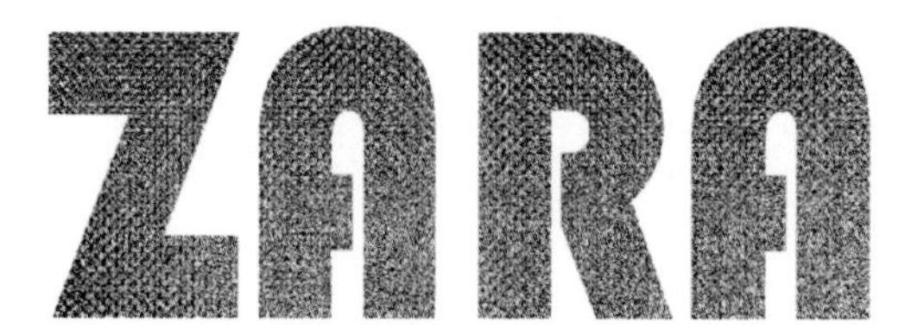

图4-21

（5）双击图层面板，打开图层样式选项，选择描边，大小为16像素，位置居中，填充类型选择“渐变”，在渐变列表中选择铜色渐变，其余按照默认模式（图4-22）。

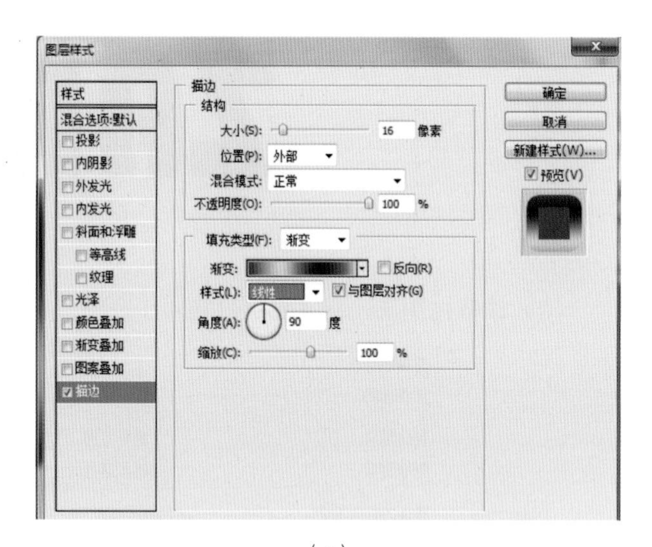

(a)

(b)

图4-22

（6）在样式中选择描边浮雕，方法为平滑，深度为1000%，方向为上，大小为12像素，软化为0像素；在阴影光泽等高线列表中选择“环形”，消除锯齿，其余按默认设置（图4-23）。

（7）要赋予文字黄金的色泽，用“色调/饱和度”命令，可是如果现在就上色，你会发现，改变的只是黑白图案，金属部分却没有改变。要对这部分改动，就必须将图层效果和图层分离，只有当图层效果成为单独一层时，才可以对它展开工作。在效果图上单击鼠标右键，在弹出菜单中选择“创建图层”，这样在原来的图层上多了三个图层，选择最上面的浮雕暗调层，在其上新建一层，

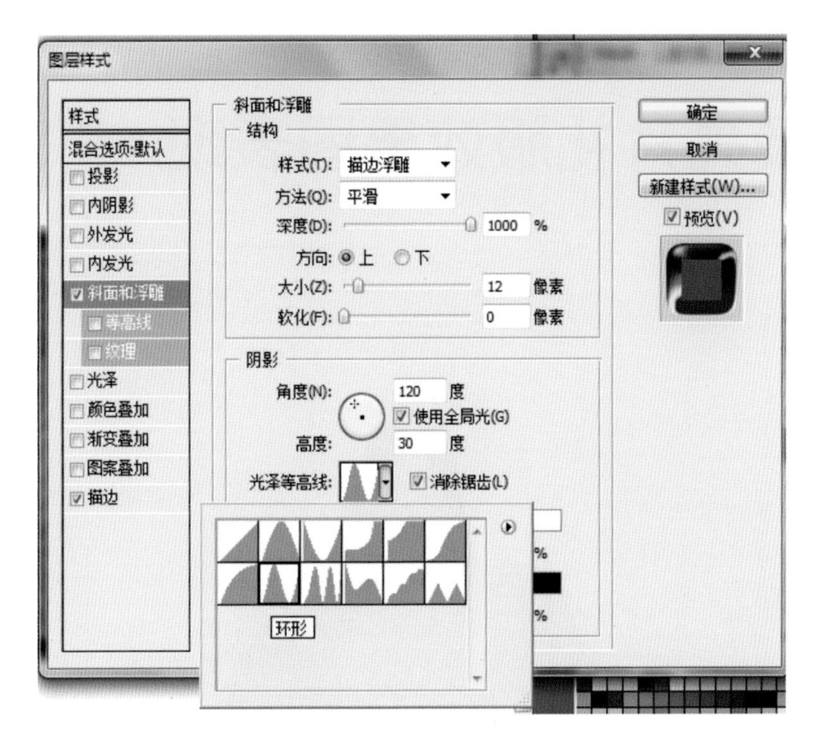

图 4-23

用50%灰度填充；按住Alt键，单击图层1和暗调浮雕层之间，将之编组，可以看到灰色部分覆盖了原来的金属部分；将图层1的混合模式改为“柔光”；用“色相/饱和度”命令调整颜色（图4-24）。

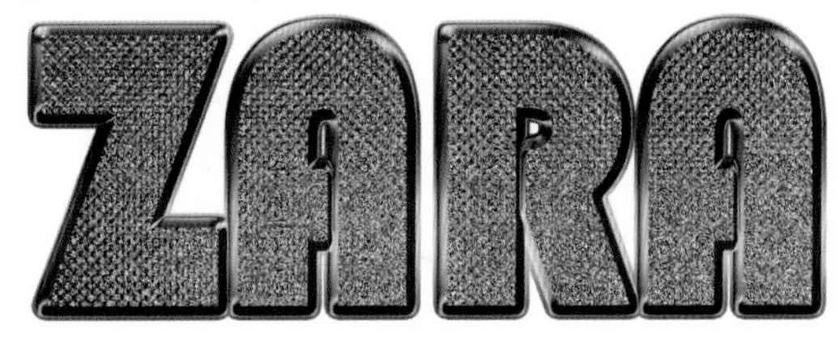

图 4-24

（8）将背景填充黑色，在图层1上新建一层，用不同大小的星形白色喷枪喷上闪光作为点缀即可（图4-25）。

图 4-25

四、任务拓展

设计制作一个闪光金属标志。

任务 4-3

毛皮及亮片礼服效果图表现

毛皮及亮片面料在服装设计中较为常见，毛皮体现出服装雍容华贵的特点，亮片面料适用于舞台服装。本任务是学习制作这两款面料服装，提升电脑设计的水平。

一、任务简介

毛皮和亮片是礼服常用的材料，制作此类礼服是本任务的学习内容。本任务需要用电脑表现出毛皮和亮片面料蓬松、闪亮的效果特点。

二、任务分析

为了表现出毛皮的特点，需要学会应用画笔预设，用画笔预设制作绘制毛皮的画笔，做出毛料的层次感，使礼服效果更加丰满、灵动。使用定义画笔工具，制作亮片。

任务重点：画笔预设的运用。

任务难点：亮片的设置。

三、服装效果图绘制步骤

（1）新建一个剪贴板，使用画笔工具绘制一根毛发，执行编辑→定义画笔预设，弹出画笔名称菜单，命名画笔（图4-26）。

（2）线稿处理及肤色妆容略过。

（3）使用智能套索工具，羽化值约20，设定羽化值可以根据图片的分辨率定，多试几次，选择合适的数值。选择好后使用油漆桶工具，填充前景色。采用同样的方法完成大衣的另外一边及里子的绘制（图4-27）。

（4）单击“画笔预设”，在笔尖形状上找到之前定义的毛发画笔，调整间距，让毛发分开。双击形状动态，调整画笔的大小抖动，让毛发有长短变化。双击散布，调整散布数据，让毛发分散（图4-28）。

（5）双击“颜色动态”，调整前景/背景抖动数值，这样在绘制毛皮的时

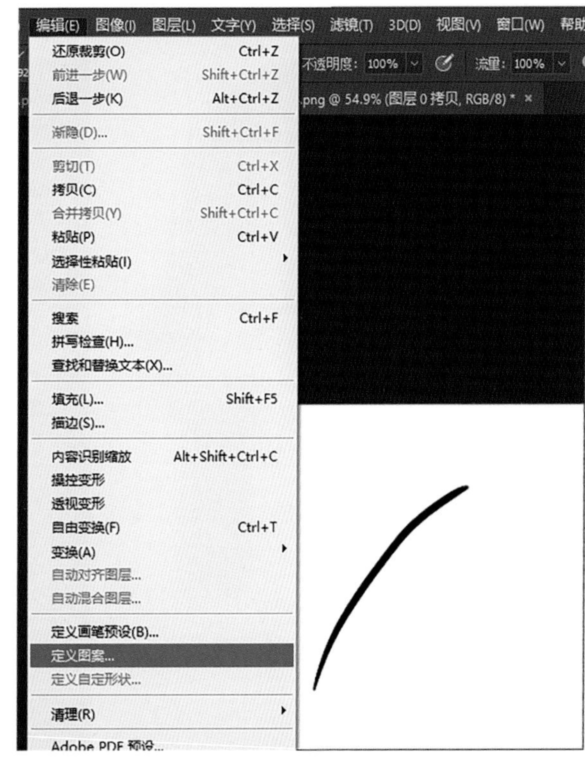

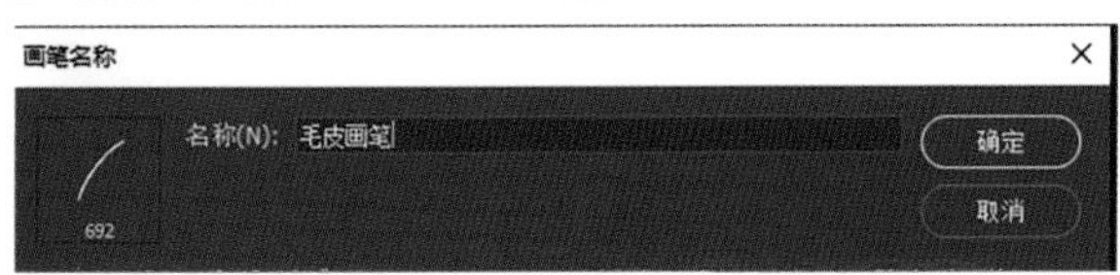

图4-26

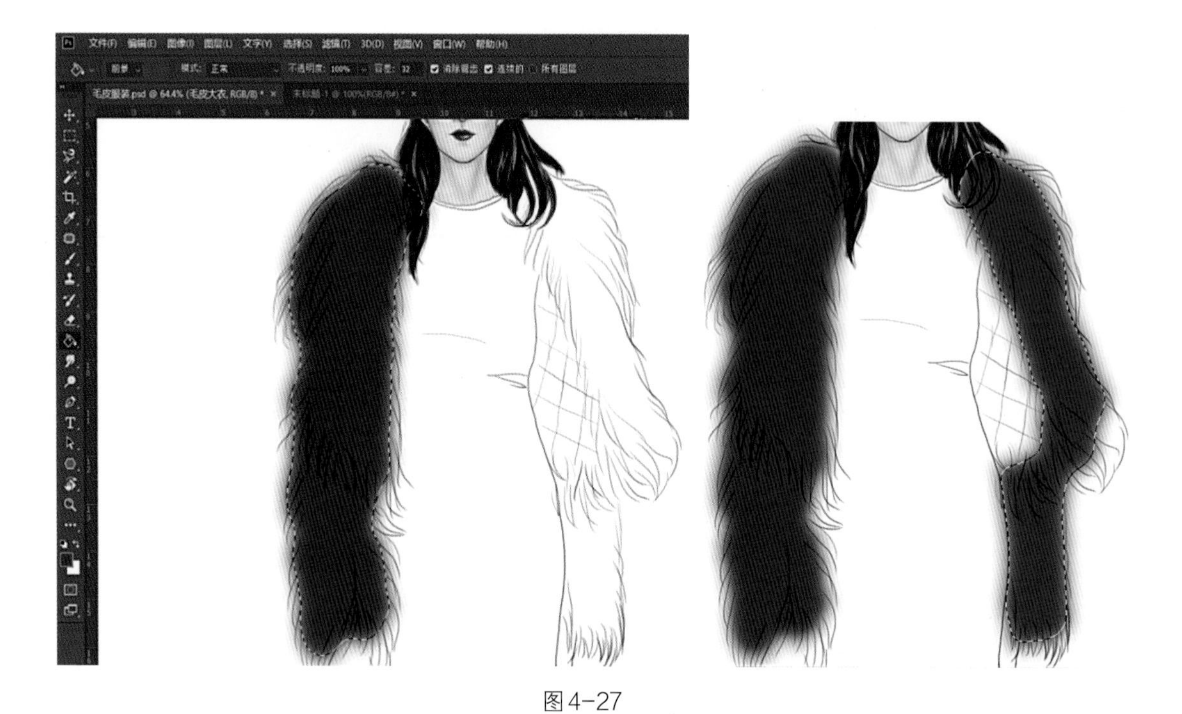

图 4-27

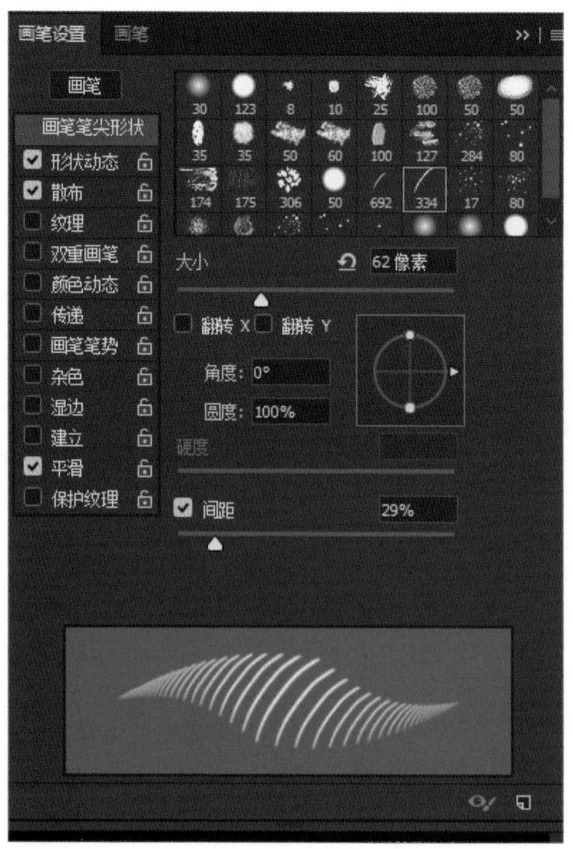
画笔设置
画笔
画笔
画笔笔尖形状
形状动态
散布
纹理
双重画笔
颜色动态
传递
画笔笔势
杂色
湿边
建立
平滑
保护纹理
大小
62 像素
翻转 X
翻转 Y
角度：0°
圆度：100%
硬度
间距
29%

图 4-28

候有色彩变化（图4-29）。

（6）使用画笔工具在大衣上添加毛绒，并根据毛的方向，不断调整毛发方向。完成毛皮大衣的毛发的绘制（图4-30）。

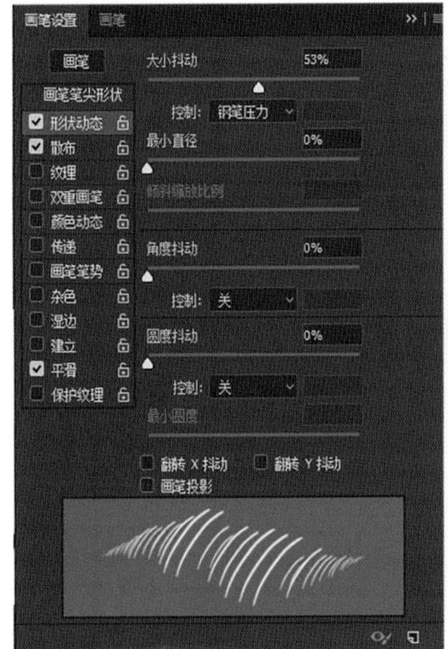

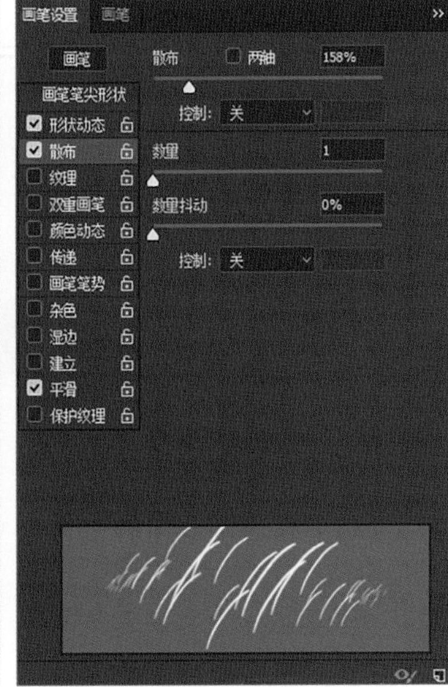

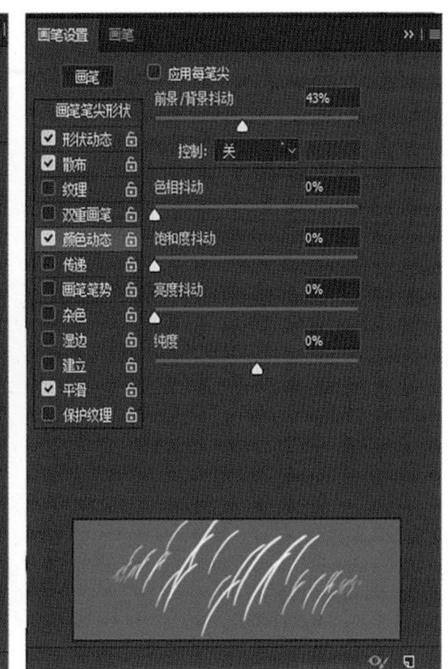

图4-29

图4-30

（7）新建大衣阴影图层，图层样式为正片叠底，用深色画笔绘制阴影，再使用涂抹工具调整细节造型（图4-31）。

（8）新建大衣高光图层，图层样式为正常，使用画笔工具画出高光，使用涂抹工具调整细节。同理画出大衣内衬的阴影及高光（图4-32）。

（9）使用形状工具绘制一个六边形，填充深灰色。使用魔棒工具选中六边形，按组合键Ctrl+C复制一个，按组合键Ctrl+V粘贴，按组合键Ctrl+T选中后缩小，形成两个六边形。使用多边形套索工具选取两个六边形边缘，填充浅灰色。执行编辑→定义画笔预设，命名为亮片（图4-33）。

图4-31

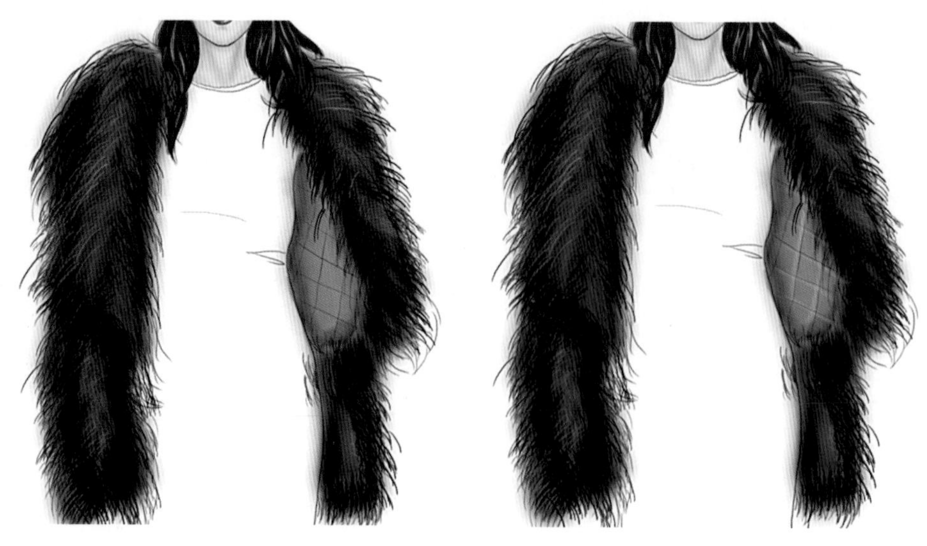

图4-32

（10）新建亮片连衣裙图层，使用磁性套索工具选取连衣裙选区，填充前景色。如选取的前景色太暗，可以使用组合键Ctrl+M，在弹出的“曲线”对话框中调整亮度。使用画笔工具填补没有颜色的区域，让连衣裙显得更加精致（图4-34）。

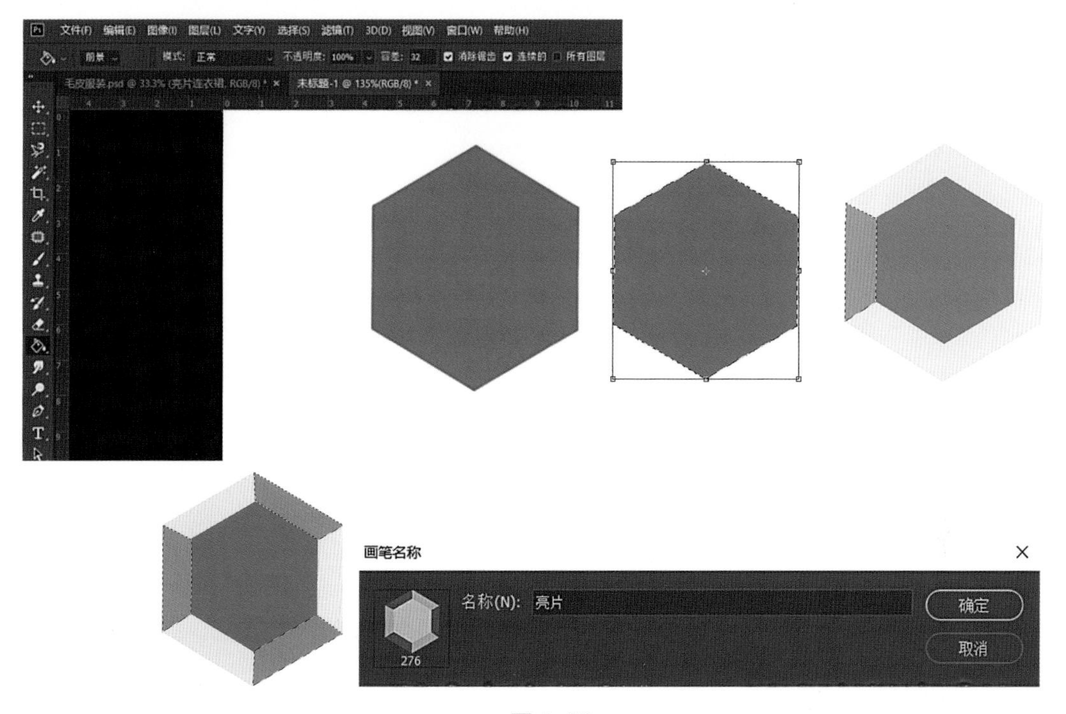

图4-33

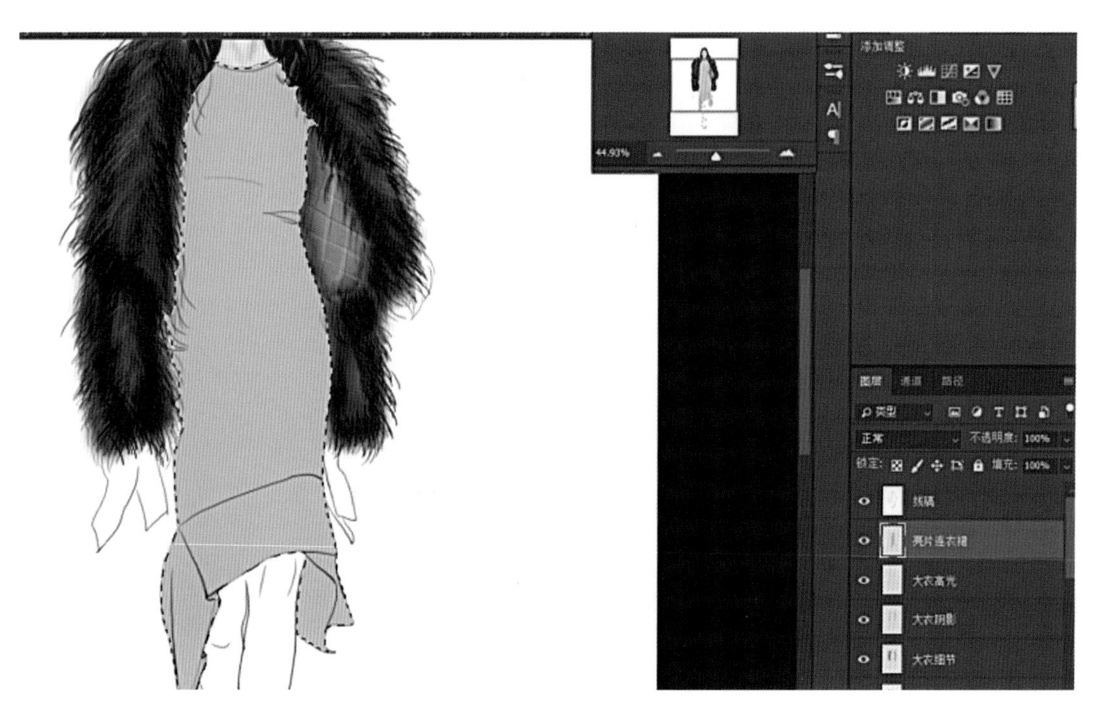

图4-34

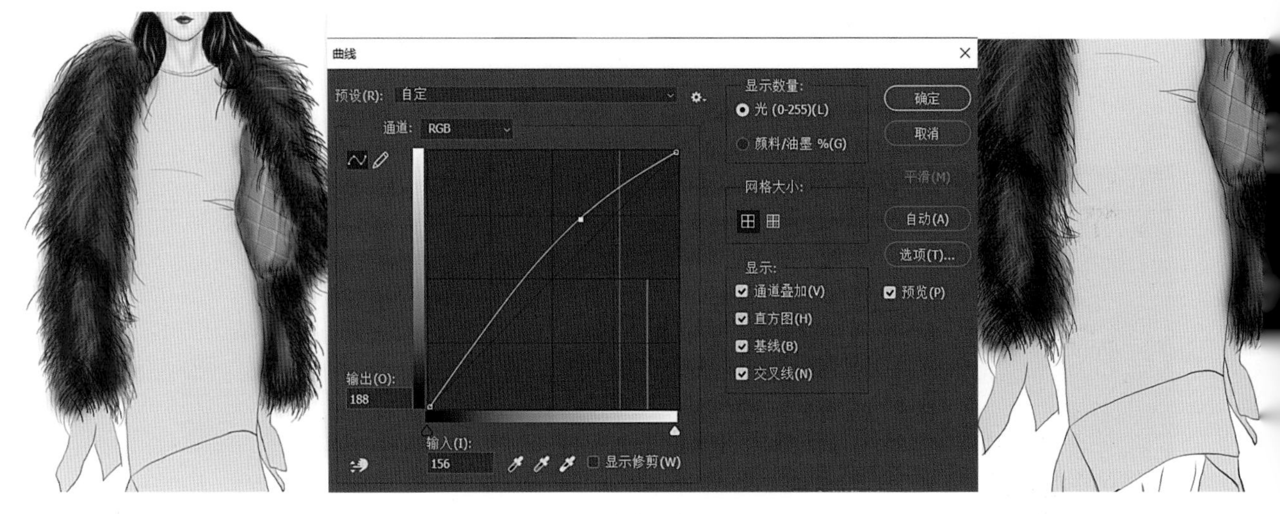

图4-34

（11）打开画笔设置窗口，找到之前定义的亮片，再设置亮片画笔。新建亮片图层，使用亮片画笔在连衣裙上添加亮片。绘制亮片时，画笔的大小、轻重均可调整，这样就可以使绘制出的亮片有变化感（图4-35）。

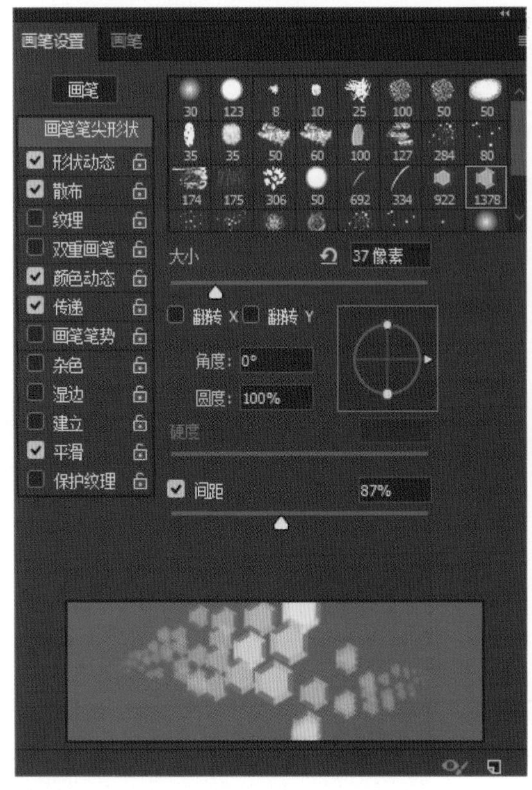

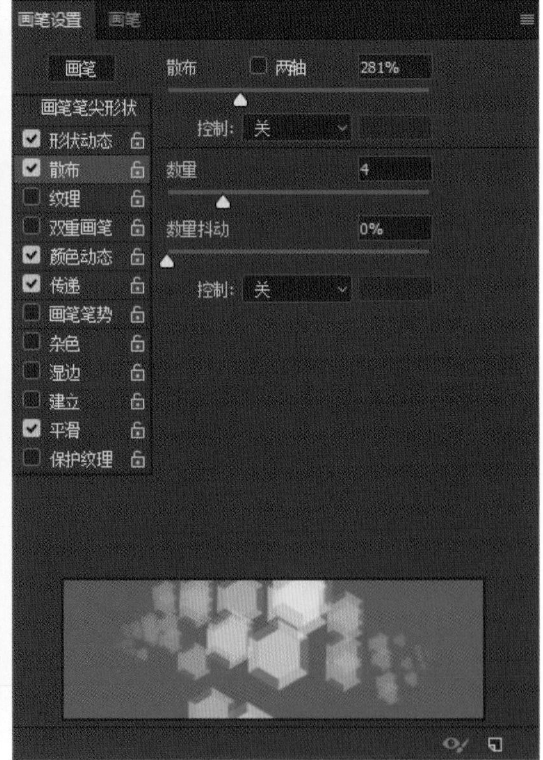

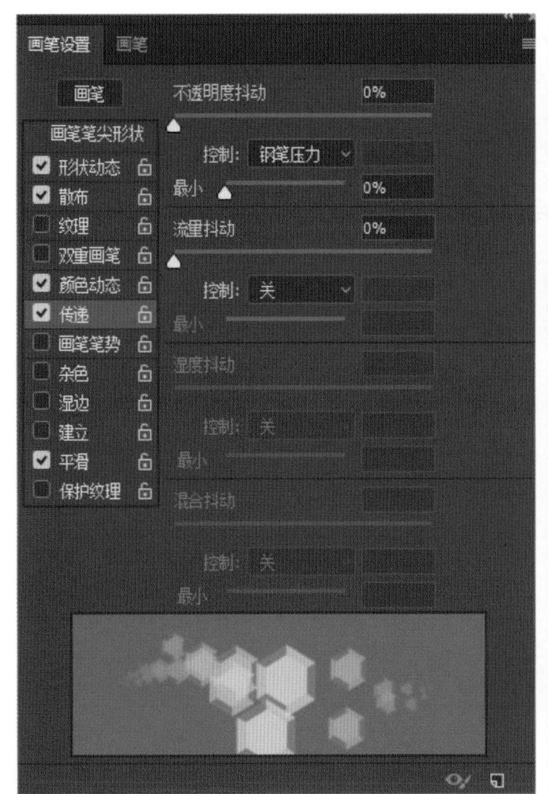

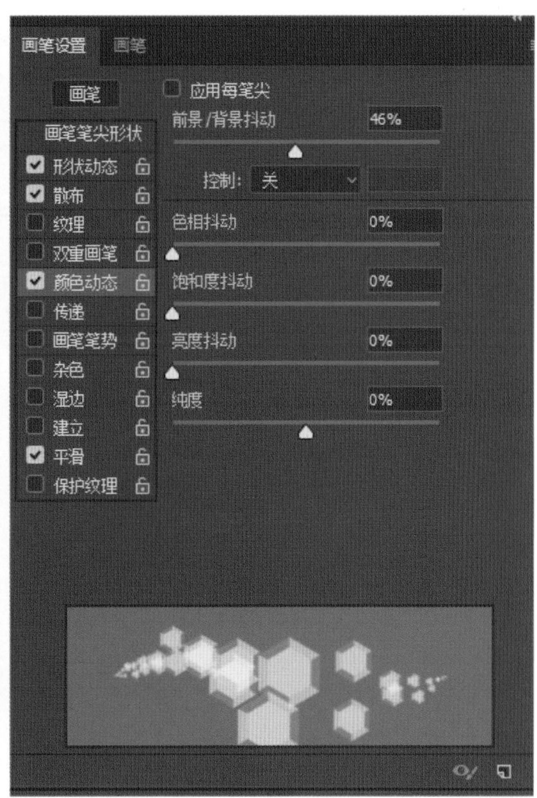

图4-35

（12）新建阴影及高光图层，绘制出连衣裙的光影效果。使用星光画笔工具，给亮片连衣裙添加闪光效果。至此就完成了这款连衣裙的绘制（图4-36）。

图4-36

图 4-36

四、任务实施

设计绘制毛皮和亮片。要求色彩搭配合理，绘画生动准确。

活动总结

五、任务评价

任务评价表					
姓名		评价日期		是	否
学习效果	是否准确掌握了画笔预设工具的设置方法？				
	是否会用定义画笔工具设计画笔？				
	是否能够绘制亮片层次？				
学习态度及过程	你觉得老师的讲解示范是否清楚？			1.	
	你可以通过学习完成操作吗？			2.	
	以后遇到类似的任务你会操作吗？			3.	
总体评价	1.				
	2.				
	3.				

任务 4-4

针织及羽绒服装效果图表现

针织、羽绒、皮革在秋冬服装中是必不可少的面料，常可以看到这几种面料在秋冬服装中搭配出现。通过完成本任务的学习，会让你的电脑设计绘图变得更加游刃有余。

一、任务简介

针织面料和羽绒面料是秋冬服装中常见的面料，这些面料能够表现出服装的体积感和轮廓感。运用Photoshop 软件也能展现这些面料。本任务就是学会制作针织面料及羽绒面料，并完成服装效果图绘制。

二、任务分析

通过使用滤镜工具绘制羽绒面料及针织上衣，并使用高光表现皮包的质感，完成整体着装效果。

任务重点：针织以及羽绒的绘制。

任务难点：羽绒的质感表现。

三、服装效果图绘制步骤

（1）打开一张手绘稿。新建一个文件，A4大小，分辨率可以设置为150～300。

（2）线稿、皮肤、妆容、头发在前文中已有详细介绍，在此省略（图4-37）。

（3）新建图层，命名为羽绒面料。用钢笔工具或磁性套索工具勾线，变成选区。填充前景色（图4-38）。

（4）新建图层，命名为羽绒袖子阴影，使用画笔工具绘制出上衣部分的阴影层次，设置图层混合模式为正片叠底模式。

（5）新建图层，命名为羽绒袖子高光，使用画笔工具绘制出上衣部分的高光，设置图层混合模式为正常模式。

（6）针对加深、减淡工具做出光影效果，适当使用工具栏中的涂抹工具来整理，使之过渡自然（图4-39）。

（7）新建图层，命名为针织。使用磁性套索工具勾选，再打开一个针织素材。

图4-37

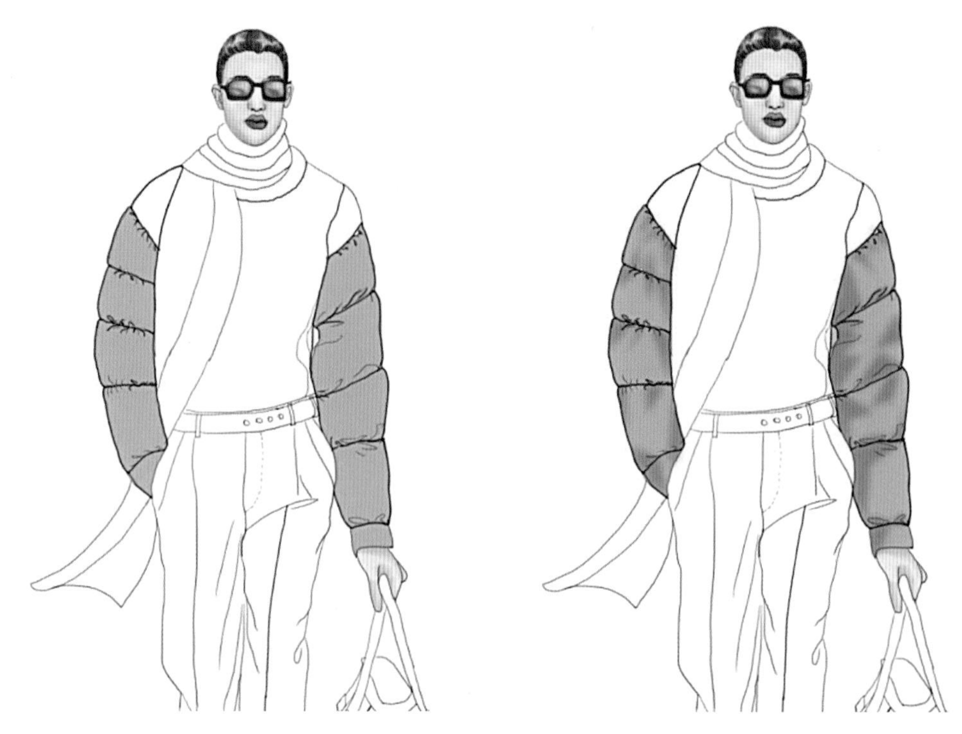

图 4-38

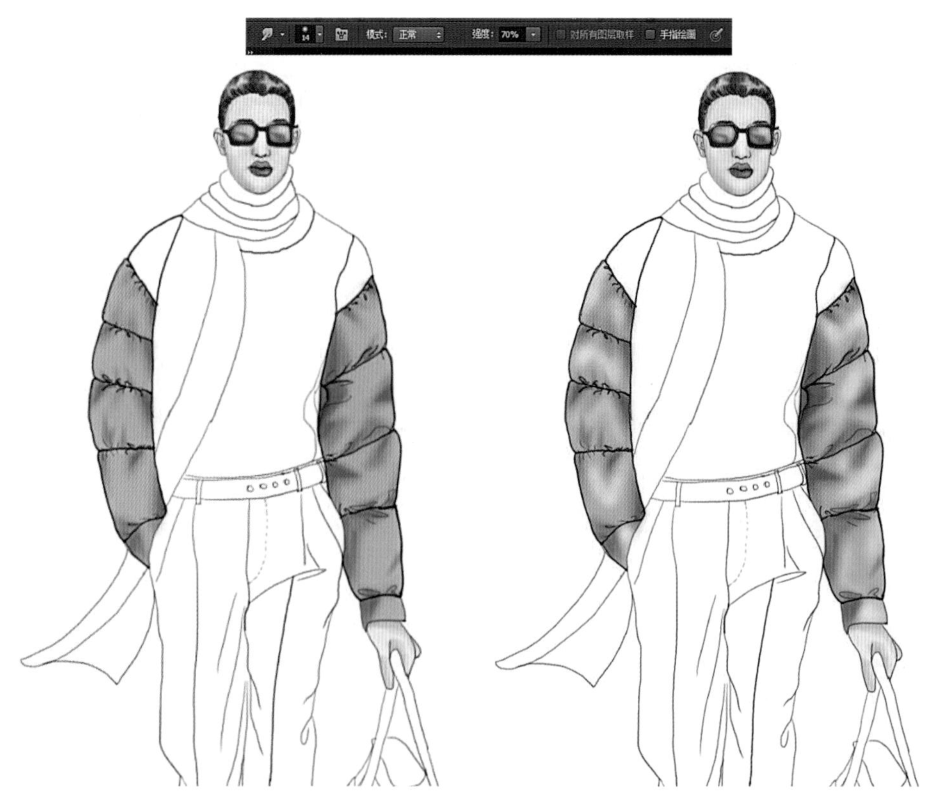

图 4-39

（8）复制针织素材，切换到针织图层，执行选择性粘贴→粘贴。

（9）新建图层，命名为围巾，填充合适的前景色，执行图像→调整→亮度对比，再执行滤镜→滤镜库→玻璃命令，做出围巾波纹（图4-40）。

（10）新建图层，命名为围巾明暗。用磁性套索工具勾选选区，并使用加深、减淡工具做出光影效果（图4-41）。

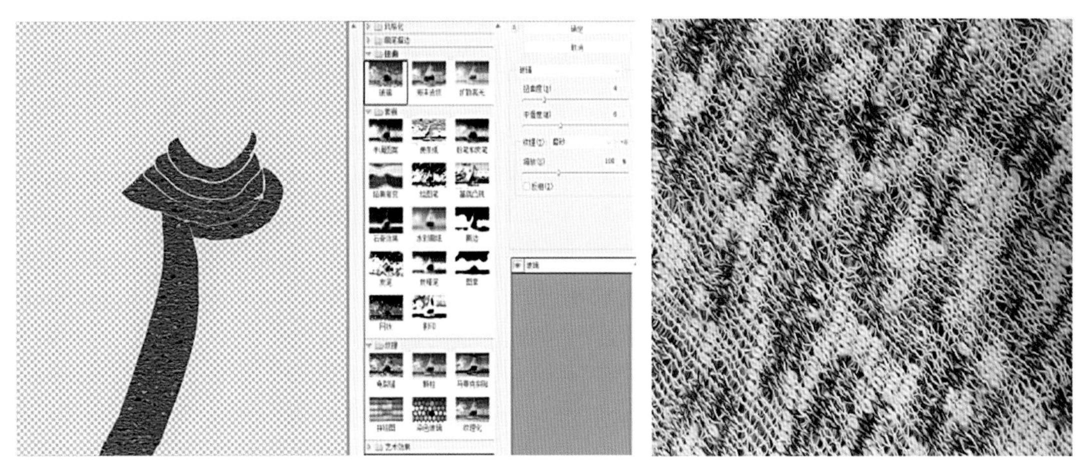

图4-40

图4-41

（11）新建裤子图层，用钢笔工具或磁性套索工具勾线，变成选区填充前景色。

（12）新建裤子阴影图层，做出光影效果（图4-42）。

（13）选择裤子图层，执行滤镜→添加杂色［图4-43（a）］。

（14）选择裤子图层，执行滤镜→滤镜库→彩色铅笔，给裤子添加材质感［图4-43（b）］。

图4-42

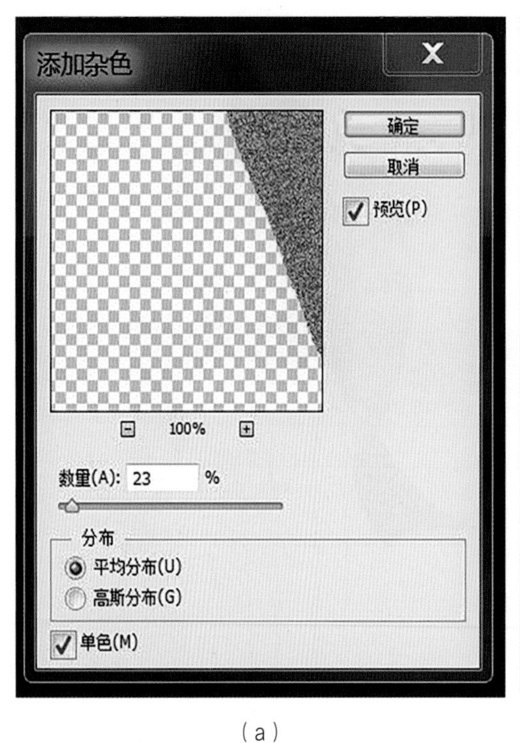

（a）

（b）

图4-43

（15）新建高光图层，勾选出局部的高光区域，填充白色。执行滤镜→模糊→高斯模糊，设置半径可根据光影效果调整。

（16）针对裤子图层，进一步使用涂抹工具来对光影效果进行修整和过渡（图4-44）。

（17）新建手提包图层，勾选选区，填色，做出光影效果。使用加深、减淡工具进一步做出手提包皮革的反光效果。

（18）新建皮鞋图层，勾选选区，填色，用加深、减淡工具做出光影效果。使用加深、减淡工具进一步做出皮鞋皮革的反光效果（图4-45）。

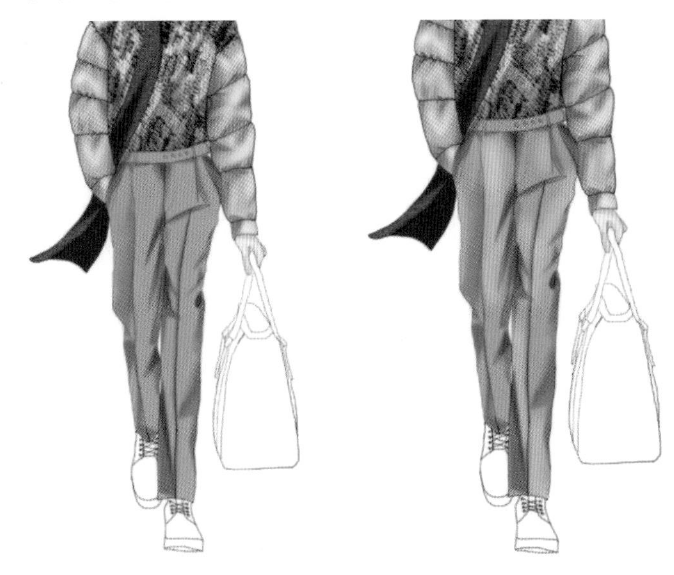

图4-44

图4-45

（19）可使用组合键Ctrl+U，调整裤子和鞋的颜色，使两者颜色协调，完成整体效果图绘制（图4-46）。

图4-46

四、任务实施

选择现有的素材，进行绘制针织面料及羽绒面料，绘制一幅完整的服装效果图。

活动总结

五、任务评价

任务评价表					
姓名		评价日期		是	否
学习效果	是否准确掌握了钢笔工具勾线的使用方法？				
	是否会用加深、减淡工具调整阴影？				
	是否能够绘制皮革的质感？				
学习态度及过程	你觉得老师的讲解示范是否清楚？			1.	
	你可以通过学习完成操作吗？			2.	
	以后遇到类似的任务你会操作吗？			3.	
总体评价	1.				
	2.				
	3.				

任务 4-5

纱类服装效果图表现

在服装中，薄纱的使用相当广泛，特别是裙装，各类礼服上都有薄纱的身影。通过本任务的学习，可以让你学会使用电脑绘制出薄纱半透明的效果，能够更好地表现出服装的质感。

一、任务简介

薄纱服饰是本次任务的学习内容。薄纱是服装中应用非常广泛的面料，在女式上衣、裙子、礼服中大量使用，可以很好地表现出女性的柔美。本任务需要通过电脑展现出纱类服装的特点，如薄纱半透明的效果、多层薄纱层叠堆积的效果等。

二、任务分析

为了展现纱类服装的特点，需要表现出半透明的效果，因此在绘制的适合需要注意纱的半透明的质地，以及多层薄纱堆积之后产生的不同层次的质感。

任务重点：纱的半透明质地的表现。

任务难点：多层薄纱堆积的质感表现。

三、服装效果图绘制步骤

（1）新建文件名为纱类服装效果图，打开一张线稿。线稿为正片叠底。绘制妆容、皮肤。纱类面料有透明的效果，纱覆盖的下层皮肤需要画出来（图4-47）。

图4-47

（2）新建胸衣图层，用磁性套索工具或者钢笔工具勾选胸衣，填充前景色。新建裙衬图层，填充红色。为了透出皮肤，可调整填充的数值，适当地透出皮肤图层（图4-48）。

图4-48

（3）新建红色褶皱纱图层，填充红色，调整填充数值。用橡皮擦工具，调整橡皮擦的不透明度，擦掉裙摆的部分颜色，让小腿的皮肤从纱里透出来（图4-49）。

（4）新建红色外裙图层，勾选填充，调整填充数值。让内部的衬裙透出来（图4-50）。

图4-49

图4-50

（5）新建白色纱1图层，填充白色，调整填充数值。让下层的红色纱裙透出来。同理新建白色纱2图层（图4-51）。

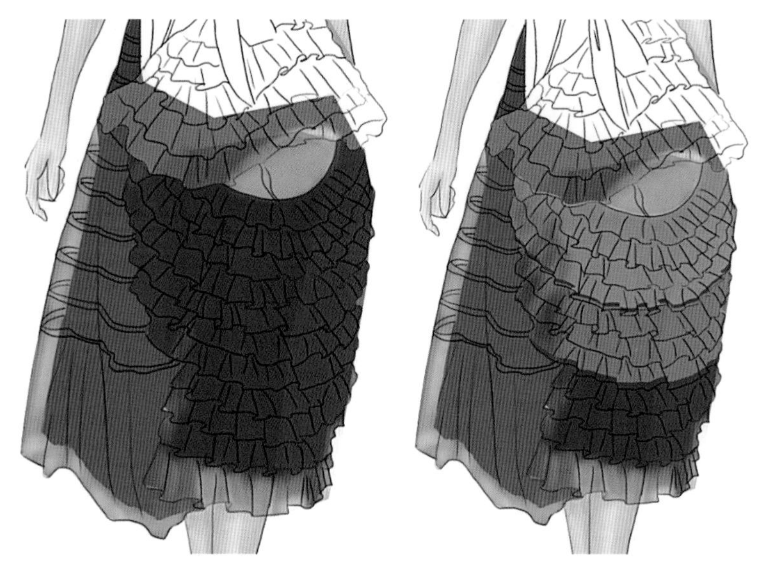

图4-51

（6）新建上衣图层，勾选建立选区。打开一张花色面料素材，用矩形选框工具框选需要的部分，执行编辑→拷贝。在纱类服装文件中执行编辑→粘贴→选择性粘贴，按组合键Ctrl+T调整大小，使之适合（图4-52）。

图4-52

（7）新建上衣牛仔镂空图层，用于建立花色上衣的方法，填充镂空牛仔面料。如果面料不能透出皮肤，请参考蕾丝服装效果图制作章节（图4-53）。

图4-53

（8）新建蓝色纱图层，勾选并填充蓝色，注意调整填充数值，透出下层牛仔镂空面料（图4-54）。

图4-54

（9）新建腰带图层，填充红色。

（10）新建裙子蓝色纱图层，用橡皮擦工具，调整不透明度，擦除下摆的一部分颜色，透出下层的红色裙子（图4-55）。

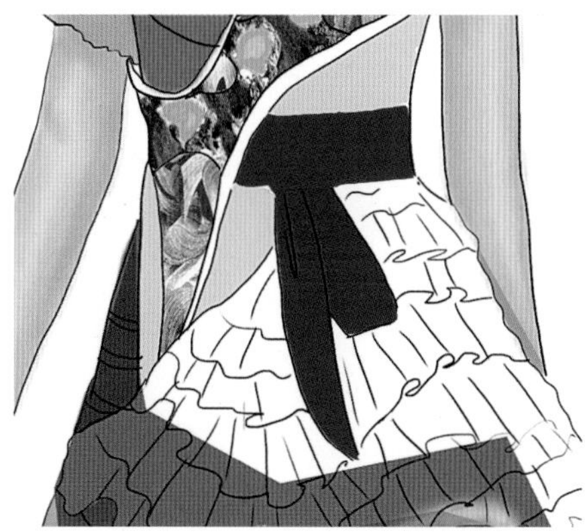

图4-55

（11）新建阴影图层，正片叠底。用灰色画笔画出服装全部的阴影。该款服装由于图层较多，建立一个阴影图层即可。该图层放在线稿层下，其他图层之上。

（12）同理，新建高光图层，用白色画笔工具绘制高光，再用涂抹工具调整细节（图4-56）。

图4-56

（13）绘制腰带扣，如果手绘不好，可以找一张腰带扣的素材，勾选后用移动工具放在到合适的位置，再按组合键Ctrl+T调整大小即可。新建鞋子图层，完成鞋子的绘制（图4-57）。

（14）打开一张素材图片，将需要的部分框选后，用移动工具移动至纱类服装文件中，将素材图层放在背景图层上，再按组合键Ctrl+T调整大小即可（图4-58）。

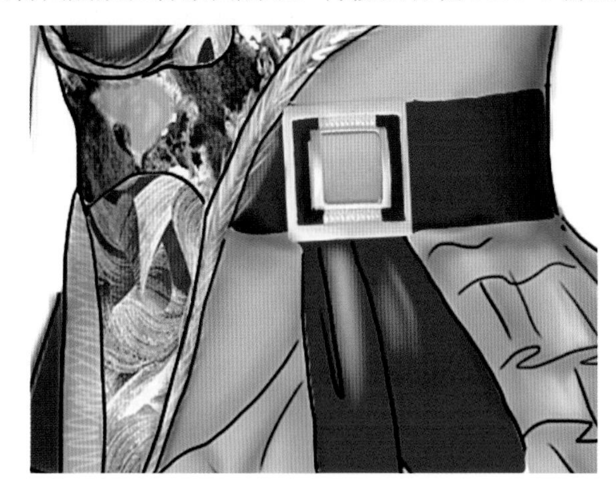
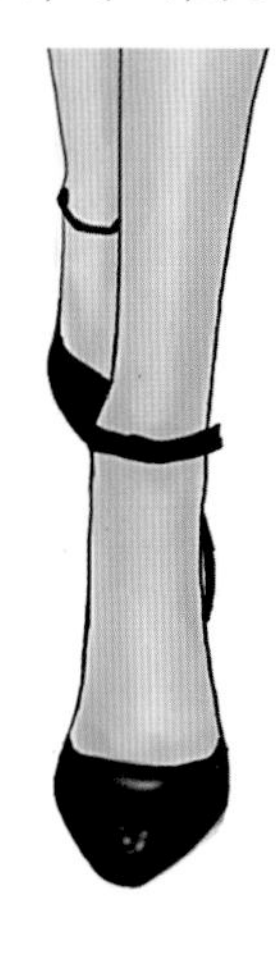

图4-57

图4-58

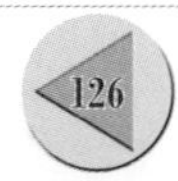

活动总结

四、任务评价

任务评价表					
姓名		评价日期		是	否
学习效果	是否准确掌握薄纱的制作方法？				
	是否会制作背景？				
	是否能够绘制镂空面料？				
学习态度及过程	你觉得老师的讲解示范是否清楚？			1.	
	你可以通过学习完成操作吗？			2.	
	以后遇到类似的任务你会操作吗？			3.	
总体评价	1.				
	2.				
	3.				

任务 4-6

民族服装效果图表现

民族的就是世界的，我国是一个多民族国家，少数民族的服装丰富多彩，为服装设计提供了众多设计灵感。我们要努力发掘这些民族服饰的内涵，设计出更适合现代人穿着的具有民族风格的服装，弘扬民族文化，增强文化自信。

一、任务简介

民族服饰是本任务的学习内容。民族服装极具特色，本任务需要用电脑表现出民族服装的特点，如民族织带花纹、刺绣图案、配饰的表现等。

二、任务分析

为了表现出民族服装的特点，需要选择合适的图案作为织带、刺绣图案，还需要做出银色的配饰。

任务重点：绣花、织带的绘制。

任务难点：银色饰品的绘制。

三、服装效果图绘制步骤

（1）打开一张民族服装手绘稿（图4-59）。

（2）新建外衣图层，勾选出外衣轮廓，填充颜色（图4-60）。

（3）选择一个花纹素材文件，执行编辑→复制（图4-61）。

（4）用磁性套索工具勾选出的外衣领子部分。执行编辑→选择性粘贴→粘贴，按组合键Ctrl+T调整花纹素材在领子上的位置（图4-62）。

（5）打开一个花边文件，执行编辑→复制（图4-63）。

图4-59

图4-60

图4-61

图4-62

图4-63

（6）用磁性套索工具勾选出外衣领子其余部分。执行编辑→选择性粘贴→粘贴，按组合键Ctrl+T调整花纹素材在领子上的位置。执行编辑→变换→变形，调整花边的造型（图4-64）。

（7）按照上面的方法完成第二道花边的制作（图4-65）。

（8）打开一个花边文件，按组合键Ctrl+C复制，Ctrl+V粘贴，执行编辑→变换→变形，

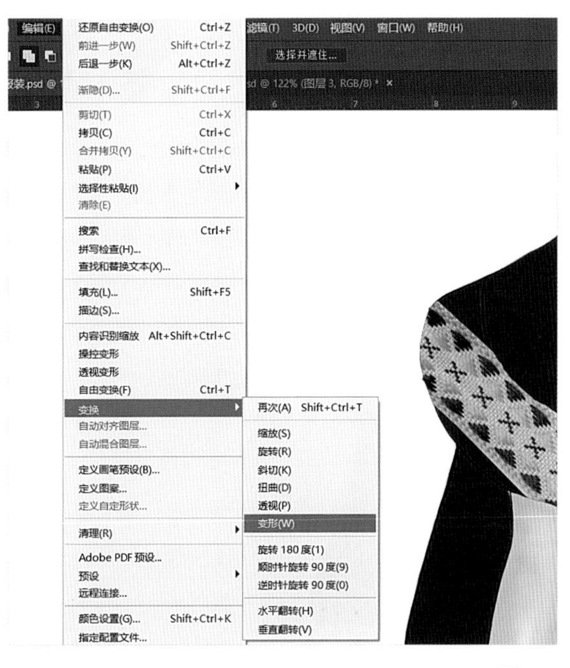

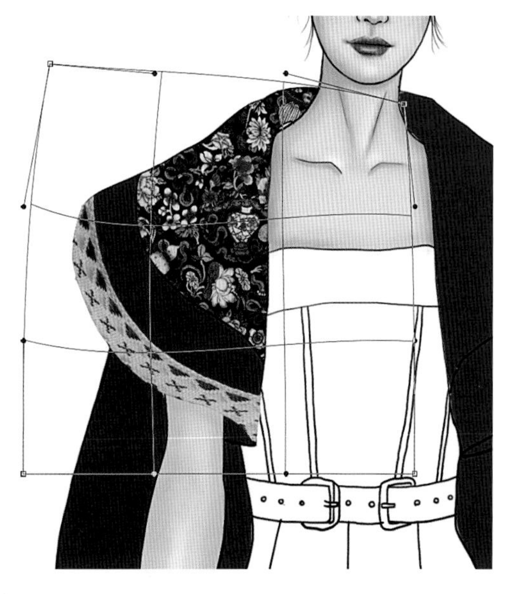

图4-64

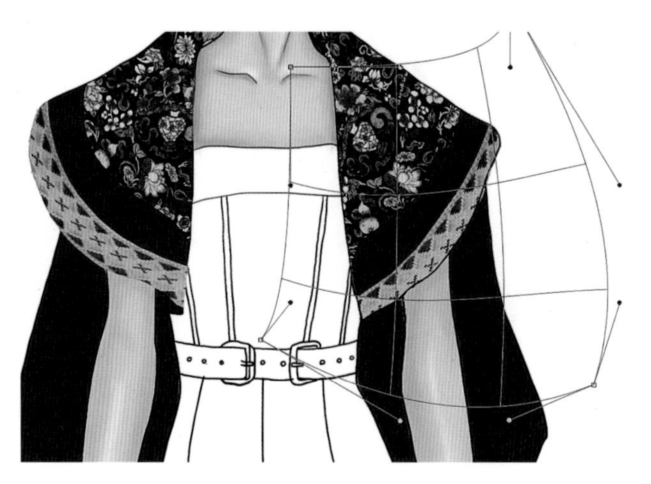

图 4-64

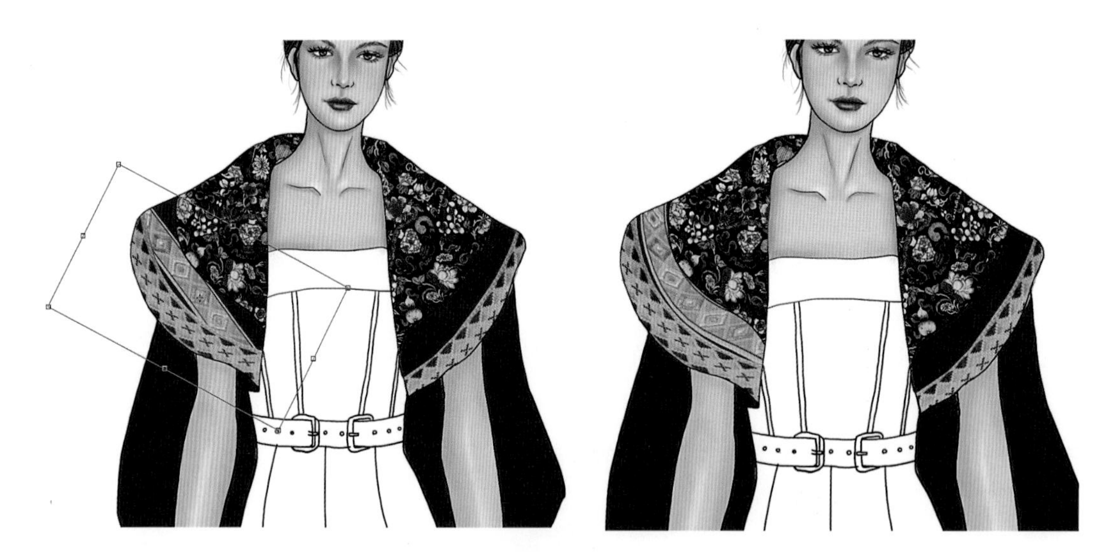

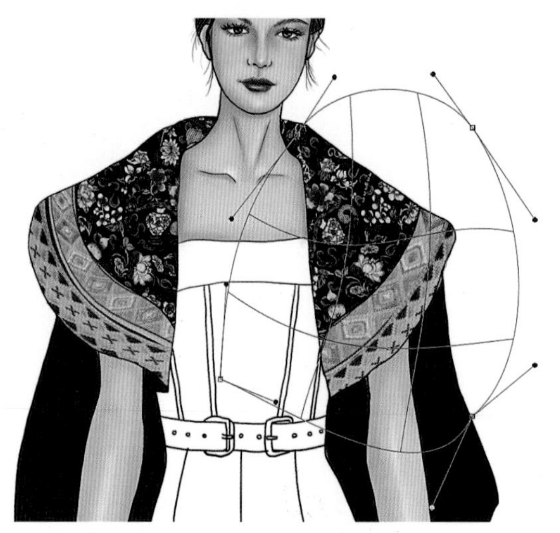

图 4-65

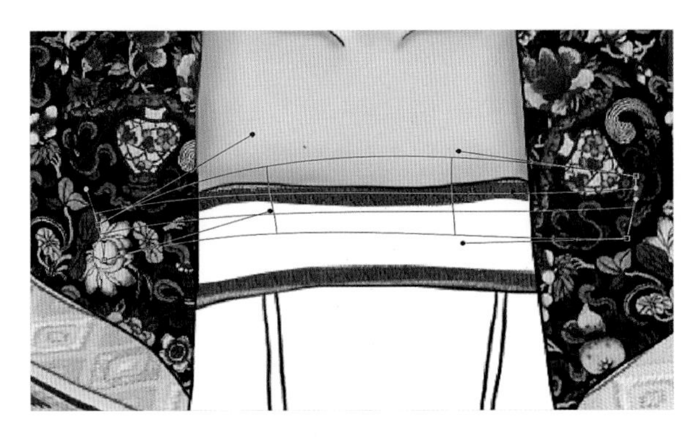

图4-66

图4-67

调整抹胸花边的造型（图4-66）。

（9）打开一个蜡染文件素材，用矩形工具框选出想要的部分，按组合键Ctrl+C复制，Ctrl+V粘贴，执行编辑→变换→变形，调整抹胸上衣的造型（图4-67）。

（10）关闭蜡染素材图层，用磁性套索工具勾选抹胸上衣。执行选择→反向，打开蜡染素材。再按Delete键，删除蜡染素材多余的部分（图4-68）。

（11）用磁性套索工具或者钢笔工具勾选裙子，使用渐变工具填充蓝白渐变色（图4-69）。

（12）用矩形选框工具框选裙子，新建裙子质感图层，填充淡蓝色。执行滤镜→杂色→添加杂色。得到一张有麻点的图片。勾选裙子图层变成选区，再在裙子质感图层中进行操作，执行选择→反向，这样会选到裙子外多余的部分，单击删除即可（图4-70）。

（13）新建阴影图层，画出裙子和

图4-68

图4-69

图4-70

上衣的阴影，增加服装的立体感。

（14）新建高光图层，绘制高光。用涂抹工具调整细节（图4-71）。

（15）打开银饰图片，删除多余底色。按组合键Ctrl+T调整银饰大小，将银饰放在需要装饰的部位。注意银饰图层的顺序，上下移动至合适的位置即可。如银饰不够亮，可以按组合键Ctrl+M调整图层亮度，让银饰更显光亮（图4-72）。

图4-71

图4-72

（16）脖子上的银饰调整用图层样式，在弹出的对话框中选择合适的样式即可（图4-73）。

图4-73

（17）新建细节图层，绘制腰带、亮片、亮点图层，完成最后的绘制（图4-74）。

（18）将文件另存为另一文件名，得到两个文件。关闭背景图层，在最上面的图层上单击鼠标右键，向下合并可见图层。则所有图层合并只剩一个图层。在民族服装复制图层上，单击“色相/饱和度”对话框，将明度调到最低，这时得到阴影。执行变换→斜切，调整阴影的位置，成为影子。若影子太黑，调整填充值即可。眼睛、嘴、腰带扣用画笔涂抹（图4-75）。

图4-74

（a）

（b）

图4-75